Ihr Hobby

Skalare

Siegfried Brall

bede bei Ulmer

Inhaltsverzeichnis

Bildquellen
Titelfoto: photolibrary.com
Wie am jeweiligen Bild vermerkt: Aqualife Taiwan, S. Brall, M.-P. und C. Piednoir, Dr. J. Schmidt, A. Siegrist, und Archiv bede-Verlag.

Bibliografische Information der Deutschen Nationalbibliothek
Die Deutsche Nationalbibliothek verzeichnet diese Publikation in der Deutschen Nationalbibliografie; detaillierte bibliografische Daten sind im Internet über http://dnb.d-nb.de abrufbar.

Wollgrasweg 41, 70599 Stuttgart (Hohenheim)
E-Mail: info@ulmer.de
Internet: www.ulmer.de
Umschlaggestaltung: Sojus Design, Kai Twelbeck, Stuttgart
Druck und Bindung: Westermann Druck, Zwickau
Printed in Germany

ISBN 978-3-8001-6939-9

Vorwort

Uns Aquarianern wird gelegentlich vorgeworfen, dass wir unersättlich das Neue suchen, weil uns die Fähigkeit fehle, uns zu bescheiden. Dadurch würde auch von Aquarianern Raubbau an der Natur betrieben – und in der aquaristischen Literatur gibt es sogar selbstkritische Stimmen, die davor warnen, „zu züchten, was „in" ist". Skalare sind seit mehr als achtzig Jahren Aquarienfische, inzwischen in mannigfaltigen Zuchtformen. Über Geschmack lässt sich streiten, aber wer möchte heute als Hausgenossen oder Spielgefährten für seine Kinder noch einen Wolf? Mir gefallen nicht alle Zuchtvarianten des Skalars, aber wir leben Gott sei Dank in einer pluralistischen Gesellschaft. So trete ich dafür ein, den Skalar auch in seiner Wildform zu erhalten und zu züchten, wodurch Naturentnahmen vermindert werden. Auch dieses Problem ist vielschichtig: Wer in Amazonien vom Zierfischfang leben kann, braucht den Urwald nicht zu roden, um Raum für Ackerbau und Viehzucht zu haben.

Junge Goldskalare. Foto: M.-P. & C. Piednoir

Der Segelflosser oder Skalar gehört zu den bekanntesten Aquarienfischen aus Lateinamerika. Mit seiner ersten Einfuhr nach Deutschland vor etwa 100 Jahren wurde er einer der begehrtesten Aquarienfische und für Jahrzehnte als König der Aquarienfische bezeichnet. Inzwischen wurde seine Regentschaft

Die verschiedensten Farbvarianten von Skalaren werden in Südostasien gezüchtet.

Was sind Skalare?

Typischer Skalar wie wir ihn aus zahlreichen Abbildungen kennen. Sehr attraktiv sind Skalare durch ihre silbrigen Farben und die Senkrechtstreifung.

durch den Diskusfisch abgelöst, jedoch ist der Skalar einer der beliebtesten und auch weit verbreitetsten Aquarienfische geblieben. Es gibt wohl kein Zoogeschäft, in dem keine Skalare angeboten werden.

Seine Beliebtheit beruht auf der außergewöhnlichen Körperform, der majestätischen Schwimmweise und dem interessanten Fortpflanzungsverhalten. Auch die Haltung der reichlich vorhandenen Nachzuchten ist problemlos.

1911 erfolgte der erste Import. Wilhelm Eimeke war der erste Berufszüchter, dem die Fortpflanzung dieser Fische im Aquarium gelang.

Die Namen der verschiedenen Arten der Gattung *Pterophyllum* sind bisher immer noch nicht abschließend geklärt. Der Skalar gehört in die Familie der Cichlidae, die Gattung *Pterophyllum* wurde 1840 von Heckel begründet, einem bekannten Ichthyologen, der in demselben Jahr auch den Diskusfisch, *Symphysodon discus*, beschrieb.

Über die einzelnen Arten besteht unter den Taxonomen heute noch keine endgültige Einigkeit. Folgende Arten werden erwähnt:

Pterophyllum altum Pellegrin, 1903, *Pterophyllum scalare* (Lichtenstein, 1823), *P. dumerilii* (Castelnau, 1855), *P. eimekei* (Ahl, 1928) und *P. leopoldi* (Gosse, 1963), wobei *P. dumerilii* und *P. eimekei* keine Gültigkeit als eigenständige Arten mehr haben und als Standortvarianten von *P. scalare* wieder eingezogen wurden. Auch *P. leopoldi* wird gelegentlich die Eigenständigkeit abgesprochen aber der Fisch ist ohnehin nicht im Handel, so dass für die Aquaristik nur zwei der oben erwähnten Arten bleiben.

Da alle Arten keine Nutzfische sind und auch keine besondere Bedeutung für den Export aus ihren Heimatländern mehr haben, wird die Forschung insoweit mangels finanziellen Interesses nicht besonders gefördert. Die meisten im Handel erhältlichen Skalare sind Nachzuchten aus dem europäischen Raum oder vor allem wegen des günstigen Preises aus Fernost.

Der Körper der Skalare ist scheibenförmig seitlich zusammengedrückt und sehr hoch. Dorsalis (Rückenflosse) und Analis (Afterflosse) sind stark verlängert, so dass die Fische höher als lang erscheinen. Die Ventralen (Bauchflossen) sind lang ausgezogen und säbel-

Die hohe Körperform und die extreme Beflossung verleihen dem Altum-Skalar ein majestätisches Aussehen. Jedes Pflanzenaquarium wird durch einen solch schönen Fisch herrlich geschmückt.

förmig gebogen. Sie bilden im unteren Teil nur noch schmale Stäbchen, während sie im oberen Teil breiter sind und zum Bauch hinauf etwa 1 bis 2 cm Länge mit einem Flossensaum versehen sind. Die Dorsalis hat 11 bis 13 Hartstrahlen und 19 bis 29 Weichstrahlen, die Analis weist 5 bis 7 Hartstrahlen und 19 bis 32 Weichstrahlen auf, wobei nach Sterba (1978) eine gewisse Streubreite artspezifisch ist. Die Färbung ist silberglänzend mit zum Teil blau angehauchten Punkten im Flossenbereich. Die arttypische Zeichnung aller Arten – mit Ausnahme einiger Zuchtformen –weist eine dunkle Querbänderung auf. Diese Querbinden bestehen bei allen natürlichen, in freier Wildbahn vorkommenden *Pterophyllum*. Die erste Binde läuft durch das Auge, die zweite vom vorderen Ansatz der Rückenflosse ausgehend zum Ansatz der Analis, die dritte von der Rückenflosse zur Analis und zwar mittig, die vierte befindet sich auf der Schwanzwurzel. Gelegentlich treten zwischen der ersten und zweiten Querbänderung und zwischen der zweiten und dritten Querbinde weitere Querstreifen auf, deren Sichtbarkeit von der Stimmungslage der Fische abhängig ist. Der Verfasser hat, insbesondere bei der Brutpflege, eine weitere Querbinde auf der Schwanzflosse, und zwar direkt am Beginn der Schwanzwurzel beobachtet. Die Kiemendeckel sind silbrig mit grünlichen Flecken. Die Nasenpartie, beginnend vom Maul bis zur Rückenflosse, ist bei den drei zuvor erwähnten Spezies unterschiedlich gestaltet. Die Nasenpartie des *P. scalare* ist nur leicht gesattelt, bei der als *P. dumerilii* beschriebenen Art, die jedoch als Standortvariante zu *P. scalare* gehört, ist die Partie vom Maul bis zur Rückenflosse insgesamt gerundet, während *P. altum* eine starke Sattelnase aufweist. Bei *P. leopoldi* ist vor allem ein dunkler Fleck auf der Schwanzflossenwurzel typsich. Die im Handel auch unter den Namen „*P. leopoldi*“ und „Peru-Altum“ erhältlichen Fische zählen heute in die Bandbreite von *P. scalare*, sie repräsentieren aber vielleicht auch eine weitere, noch unbeschriebene Art. Ein zusätzliches Erkennungsmerkmal für *P. altum* ist auch der zweite Querstreifen, der den stachligen Anfang der Rückenflosse mit

der Afterregion verbindet. Dieser verjüngt sich nach unten merklich, das heißt er sieht keilförmig aus. Im Unterschied zu den anderen Vertretern der Gattung, bei denen zwischen den vier kräftig ausgebildeten vertikalen Binden nur angedeutete kurze Streifen sichtbar sind, zeigt *P. altum* auch an diesen Stellen vollständige Querbinden, die sich, wenn auch weniger intensiv dunkel gefärbt als die übrigen, die sich bis zur unteren Kante des Körpers erstrecken. Zwischen der ersten und zweiten Querbinde sind bei dem früher als *„P. dumerilii"* bezeichneten Skalar zwei beginnende Querstreifen im oberen Drittel zu sehen, und die erste Querbinde verläuft gerade von der Stirn durch das Auge zur Kehle. Bei den beiden übrigen Arten, am stärksten bei *P. scalare,* verläuft die erste Querbinde deutlich in einem nach außen gewölbten Bogen, der am Ansatz der Rückenflosse beginnt und sich unter dem Auge schräg nach hinten zum Brustansatz fortsetzt.

Pterophyllum leopoldi unterscheidet sich vom *P. scalare* nicht nur durch den leichten Knick in der Nase, sondern auch durch einen schwarzen Fleck direkt unter dem hinteren Ansatz der Rückenflosse. Seine Köperform ist steiler als die des *P. scalare,* aber nicht so ausgeprägt wie die des *P. altum. Pterophyllum leopoldi* hat lang ausgezogene, bläuliche Bauchflossen. Der Körper hat einen bläulichen Schimmer mit vereinzelten, hauptsächlich im oberen Rückenteil verstreuten roten Punkten.

Hauptunterscheidungsmerkmal zwischen *P. altum* und *P. scalare* bleibt jedoch der Knick in der Stirnlinie. Zwischen der ersten schwarzen Querbinde ist die Stirnlinie deutlich eingeknickt. Weiterhin hat *P. altum* zwischen den vier bei allen Segelflossern vorhandenen Querbinden noch zwei Zwischenbinden.

Diese drei Binden verlaufen zwischen den anderen Binden, sind heller grau, aber immer zu erkennen. Nach meinen Erfahrungen ist dies bei *P. scalare* auch der Fall, jedoch können die Zwischenbinden für einige Zeit ganz verschwinden. Bisweilen habe ich bei Ansätzen in Zuchtaquarien auch festgestellt, dass bei *P. scalare* sämtliche Querbinden verschwinden können, wobei die oben beschriebenen ersten drei Querbinden noch als zarter Grauton erkennbar bleiben. Es sieht so aus, als ob jemand die Querbinden nicht sorgfältig weggeputzt hätte und dabei ein Reststreifen verblieben sei. Weiterhin ist ja bei *P. altum* die zweite schwarze Binde nach unten keilförmig verjüngt.

Die Iris des Auges ist bei den meisten Skalaren rot. Es gibt allerdings auch, insbesondere bei den Zuchtformen, gelb oder überwiegend schwarz gefärbte Augen. Der innere Teil des Auges ist ohnehin regelmäßig schwarz. Die Iris ist im Verlauf der ersten schwarzen Querbinde schwarz und nur an den Seiten links und rechts von der Querbinde rot. Bei verschiedenen Zuchtformen ist die Iris an diesen Stellen gelb gefärbt oder aber auch durchgehend schwarz bis dunkelgrau.

Ein Skalarmännchen, das bereits mehrfach Junge aufgezogen hat. Seine Rückenflosse wurde beschädigt und ist nicht vollständig nachgewachsen.
Foto: S. Brall

Die Geschlechter sind außerhalb der Laichzeit nur schwer zu unterscheiden. Die Weibchen sind meist kleiner, die Männchen dagegen bulliger und größer. Während der Laichzeit treten die Laichpapillen deutlich hervor. Beim Weibchen ist diese rundlich und dick. Sie ähnelt einem ausgezogenen Seemannsfernrohr, weil die Laichpapille mit einem dickeren Teil beginnt, aus dem ein weiterer rundlicher Teil hervorragt. Beim Männchen ist die Laichpapille spitz geformt. Sie besteht ebenfalls aus einem ersten rundlichen Tubus, aus dem ein zweiter hervorragt, der am Ende kommaförmig spitz ist. Die erwachsenen Männchen zeichnen sich zudem dadurch aus, dass auch außerhalb der Laichzeit zwischen den Bauchflossen und der Laichpapille eine Einbuchtung sichtbar ist. Die Brust- und Bauchpartie ist dort konkav gestaltet. Beim Weibchen ist diese Stelle durchgehend rundlich, also konvex, und im übrigen ist nach der Futteraufnahme bei den Weibchen eine seitliche, stärkere Rundung der Bauchpartie zu erkennen. Diese verstärkt sich erheblich, wenn ein Laichansatz gebildet wurde.

Woher kommen Skalare?

In den Schwarzwasserflüssen und -bächen des Rio Negro-Gebiets in Amazonien kommen die herrlichen Altum-Skalare vor. Die elektrische Leitfähigkeit dieses Schwarzwassers ist extrem gering; dies ist bei der Pflege und Zucht solcher Skalare unbedingt zu berücksichtigen.

Die Heimat der Skalare erstreckt sich über das gesamte Amazonasgebiet, einschließlich des Oberlaufs, also des Rio Solimoes bis Iquitos. Zudem leben Skalare im Rio Negro und sind über den Cassiquiare bis zum Orinoco und den Essequibo in Guyana im Süden bis zum Rio Araguaia im Brasilianischen Bergland verbreitet.

Pterophyllum altum wurde bisher nur im Orinoco, Rio Negro und Rio Cassiquiare gefangen. Seine Verbreitung ist auf Schwarzwasser- und Schwarzwasser-Klarwasser-Mischflüsse beschränkt.

Pterophyllum leopoldi stammt aus Peru.

Pterophyllum scalare ist die verbreitetste Art. Er kommt im gesamten Amazonasgebiet vor, mit Ausnahme der oben genannten Schwarzwasserflüsse, in denen *P. altum* heimisch ist.

Der Amazonas durchquert den gesamten südamerikanischen Kontinent. Er resultiert aus einem System von Hunderten miteinander verbundenen Strömen, die das Gebiet durchziehen. Über den Rio Cassiquiare ist er mit dem ebenfalls riesigen Flusssystem des Orinoco verbunden. Der Amazonas ent-

springt als Bach über 5000 m ü. NN hoch in den Peruanischen Anden. Durch enge Felsbetten und Schluchten stürzt er in die dschungelbedeckte Amazonasebene hinab. Bis zu seinem Mündungsdelta wird er von 1100 Nebenflüssen gestärkt, bis er seine Wassermassen in den Atlantik ergießt, nachdem er über 6000 km zurückgelegt hat. Der Amazonas ist, nach dem Nil, der zweitlängste Fluss der Erde; neuesten Luftbildaufnahmen zufolge könnte er sogar der längste sein. Aufgrund seiner Wassermassen ist er ohnehin der bei weitem größte Strom der Welt. Er führt in seinem Bett ein Fünftel des gesamten Süßwasservorkommens der Erde, durchschnittlich 200 000 m^3/sec. Das Meerwasser des Atlantiks drängt er gut 200 km ins Meer hinaus. Die Entdecker des Mündungsdeltas, das 320 km breit ist, waren erstaunt, als sie auf dem vermeintlichen Meer feststellten, dass es sich um Süßwasser handelte. Der Entdecker, Vicente Yanez Pincon, nennt die von ihm entdeckte Amazonasmündung das „Mar Dulce" – süßes Meer.

Das Flussbett des Amazonas ist so tief, dass selbst Überseeschiffe 3700 km weit ins Landesinnere hinauffahren können. Der Kongo ist fast so lang wie der Amazonas; das Volumen des Kongos ist aber viel geringer als das des Amazonas, zwei der größten Nebenflüsse des Amazonas, der Rio Negro und der Rio Madeira führen ebensoviel oder sogar mehr Wasser als der Kongo.

Der Name Amazonas wird für den Strom ab Manaus gebraucht, nach dem Zusammenfluss mit dem Rio Negro. Oberhalb von Manaus heißt der Strom Rio Solimoes. Im Allgemeinen wird unter dem „Amazonas" das gesamte Becken bis hinauf zur Quelle des Rio Solimoes verstanden.

Das Amazonasbecken liegt nur etwa 200 m über dem Meeresspiegel (NN). Es bedeckt ein Gebiet von über 6,5 Millionen km^2. Beobachtungen des gesamten Gebiets lassen sich nur von Satelliten aus machen, denn vom Flugzeug aus ist nur ein Bruchteil zu sehen.

Das flache Amazonasbecken ist von der Form her mit einer Sauciere verglichen worden, deren breitester Teil etwa 1600 km misst. Die Seitenteile des Beckens bilden die Anden (im Osten), das Bergland von Guyana (den Nordrand) und das brasilianische Bergland (den Südrand). Der Amazonas hat über 1100 Nebenflüsse und kleinere Wasserläufe, die zum Hauptstrom stoßen. Die Nebenflüsse reichen bis weit in die Hochländer und Gebirgszüge zurück, siebzehn der Hauptzuflüsse sind über 1500 km lang und zehn davon sind größer als der Rhein.

Die Tatsache, dass von diesen Wassermassen ein so großer Teil im Becken zurück gehalten wird, erklärt sich dadurch, dass der Fluss auf 4000 km des 6 000 km langen Laufs nur ein Gefälle von knapp 0,5 cm/km aufweist.

Durch die heftigen Regenfälle schwellen die Flüsse stark an, so dass ganze Waldgebiete überflutet werden. Der Wasserstand an den Flussufern differiert bis zu 10 Meter.

Das Aquarium

Die Wahl des aufzustellenden Aquariums hängt von den Absichten des Betreibers ab:
Will er ausschließlich züchten?
Möchte er ein anspruchsvolles Schauaquarium mit Pflanzen zeigen?
Soll das Aquarium zunächst nur der Findung von Skalarpaaren dienen?

Artaquarium

Ein Würfelaquarium mit einer Kantenlänge von 60 cm, einer in der Mitte befindlichen Bepflanzung mit Riesenvallisnerien und einer flach bleibenden Randbepflanzung mit Wasserkelchen ist ein imposanter Anblick. In diesem Aquarium lassen sich vier ausgewachsene Skalare pflegen, bis es zu einer Paarbildung und der damit verbundenen Revierbesetzung kommt.

In einem Artaquarium sind Schwertpflanzen die richtige Pflanzenauswahl, da sie einfach zu Skalaren gehören. Foto: S. Brall

Zuchtaquarium

Wird bereits ein Zuchtpaar gepflegt, das gesondert zur Zucht angesetzt werden soll, dann genügt ein Aquarium in der Größe von 100 x 40 x 50 cm. Auf eine Bepflanzung kann verzichtet werden, jedoch hat sich als Laichsubstrat ein Blumentopf mit Vallisnerien oder einer großen Amazonasschwertpflanze bewährt.

Gesellschaftsaquarium

Im Gesellschaftsaquarium ist die Zucht meist zum Scheitern verurteilt, im Vordergrund steht hier aber die Gemeinschaft von verschiedenen Fischen und Pflanzen.

In einem Gesellschaftsaquarium von einer Größe 200 x 55 x 50 cm (L x B x H) lassen sich meines Erachtens nur zwei Paare Skalare pflegen, wenn es zwischen den Fischen nicht dauernd Reibereien und Streitereien geben soll. Dies führt zwangsläufig dazu, dass einige der Fische unterdrückt werden. Diese leben dann in ständigem Stress und sind krankheitsanfällig. Zum Teil führt dies auch zur Futterverweigerung und Abmagerung der Fische, insbesondere, wenn es sich um stark unterdrückte Männchen handelt. Die Abmagerung ist meist begleitet von einem starken Parasitenbefall. Dabei ist kaum festzustellen, wer zuerst da war, das Huhn oder das Ei, in diesem Fall sind die Parasiten Folge des Stresses und es erfolgt deshalb die Abmagerung, oder erfolgt zunächst die Abmagerung aufgrund des Stresses und die Parasiten sind eine Sekundärerscheinung? Unterdrückte Skalare entfalten sich oft noch zu kräftigen und gesunden Männchen oder Weibchen, wenn sie rechtzeitig in ein anderes Aquarium mit anderer Gesellschaft umgesetzt werden. Bisweilen konnte ich beobachten, dass Fische auch noch nach eineinhalb Jahren Größenwachstum zeigten, wenn sie der Stresssituation durch andere dominierende Skalare entzogen wurden. Fische sind wechselwarme Tiere, die ihr ganzes Leben lang wachsen, jedoch verlangsamt sich das Wachstum mit zunehmendem Alter. Mangels einer Vergleichsmöglichkeit stellt der Aquarianer das sehr langsame Wachstum im Alter nicht mehr fest. Ein Vergleich mit älteren Fotos kann manchmal den Unterschied deutlich machen.

Rainer Stawikowski beschreibt in seinem Buch „Buntbarsche der Neuen Welt" Skalare als „elegante und friedliche" Aquarienbewohner. Meine Skalare fressen am liebsten Neonfische, kleine Guppys und andere kleine Fische, sogar die „harten" Panzerwelse werden nicht verschont. Im Gegensatz zu den Welsen, gelingt den Panzerwelsen, die Mitbewohner von Skalaraquarien sind, die Fortpflanzung in dieser Gesellschaft nicht. Aber friedlich sind sie doch – die Skalare?

Tipp

Die Vergesellschaftung darf nicht mit kleinen Fischen erfolgen, der Skalar kann sein Maul weit vorstülpen und alles verspeisen, was hinein passt.

Wie werden Skalare gepflegt?

Bei dieser Zuchtform ist der Körper leicht marmoriert. Die Marmorpunkte verleihen dem Nachzuchtskalar ein interessantes Aussehen. Inmitten der grünen Wasserpflanzen kommt er natürlich besonders gut zur Geltung. Für das Gesellschaftsaquarium gibt es zahlreiche Farb- und Zuchtformen. Foto: M.-P. & C. Piednoir

Bodengrund und Dekoration

In einem Gesellschafts- oder Artaquarium für Skalare darf eine dichte Bepflanzung nicht fehlen. In diesem Fall ist ein hoher Bodengrund (vorn 8 cm, hinten bis 12 cm) in Form von Kies erforderlich, damit die Pflanzen ausreichend Halt finden und gegebenenfalls auch Nahrung ergänzt durch handelsübliche Bodengrundzusätze oder getrockneten Lehm. In diesem Fall ist eine Bodenheizung von Vorteil, weil dadurch eine leichte Wasserbewegung im Bodengrund erzielt wird, die diesen an der Sauerstoffversorgung teilhaben lässt und die im Bodengrund ablaufenden Nitrifikations- und Denitrifikationsvorgänge unterstützt.

Die Körnung der Kiesschüttung darf nicht über 3 mm liegen, da ansonsten die Zwischenräume zwischen den Kieselsteinchen zu groß sind und sich dort Futterreste absetzen könnten. Bei Skalaren ist diese Gefahr allerdings gering, da sie gute Fresser sind.

Als Dekoration lassen sich Moorkienwurzeln, Steine und auch Bambusstäbe oder entsprechende Nachbildungen einbringen, wobei Bambusstäbe haltbar gemacht werden müssen. Früher wurde dazu die Verwendung von Wasserglas empfohlen, das in Drogerien und Apotheken erhältlich ist.

Meines Erachtens dürfte es sich heutzutage anbieten, eine dünne Schicht Silikon auf den Schnittstellen des Bambusrohrs anzubringen, um ihn für die Fische physiologisch verträglicher zu machen.

Die Bepflanzung

Gesellschaftsaquarien werden im Regelfall vom Aquarianer schon aus optischen Gründen bepflanzt. Für Skalare eignen sich vor allem dichte Pflanzenbestände aus langen, bis zur Oberfläche reichenden Pflanzen, wie *Vallisneria*-Arten. Skalare stehen gern zwischen den Vallisnerien und dazwischen gesteckten Bambusstäben. Dies entspricht der Tarnung der Fische durch ihre Längsstreifung. Durch Wurzeln kann noch eine Revierabgrenzung erfolgen, was bei mehreren Paaren zu einer Verminderung der Reibereien führt.

Moorkienholzwurzeln können sehr gut mit Javamoos und Javafarn bepflanzt werden. Es bilden sich dann dichte Moospolster, die den Bakterien eine Besiedlungsfläche bieten, so dass das Moos auch eine Filterwirkung entfaltet. Das Moos sollte anfangs mit etwas Garn auf dem Holz locker festgebunden werden. Garn ist – im Gegensatz zu Gummiringen – physiologisch unbedenklich und wird überwachsen, zudem löst es sich später von selbst auf.

Selbst der Javafarn sollte über dem Rhizom locker an seinem Platz fixiert werden. Aus dem Rhizom wachsen winzige Wurzeln, die den Javafarn auf dem Holz, selbst auf Steinen und Schiefer festhalten.

Ein auf dem Boden liegender Ballen Javamoos, *Vesicularia dubyana*, bietet den Jungfischen Versteckmöglichkeiten und im Anfangsstadium sogar Futter, da zwischen den Moosfäden Infusorien und Rädertierchen leben.

Wie werden Skalare gepflegt?

Zwei ausgewachsene Altum-Skalare im Aquazoo und Löbecke-Museum in Düsseldorf, von denen inzwischen leider nur noch einer vorhanden ist. Foto: Dr. J. Schmidt

Selbst in Zuchtaquarien ohne Bodengrund sollte eine *Echinodorus osiris* oder eine andere Schwertpflanze in einem Blumentopf nicht fehlen. Der übrige Boden muss frei bleiben, damit er besser gereinigt werden kann. Pflanzen haben eine gute Wirkung auf die Wasserqualität, nicht nur durch die Assimilation und der damit verbundenen Sauerstoffzufuhr, sondern auch durch die bisher wissenschaftlich noch nicht endgültig geklärte Abgabe von bakterienhemmenden Stoffen.

Tipp

Amazonasschwertpflanzen, *Echinodrus* sp., eignen sich als Solitärpflanzen und ihre Blätter dienen oft als Laichsubstrat.

Aus dem Göttinger Institut für Bodenkunde wurde mitgeteilt, dass die Flechtbinse und andere Sumpfpflanzen in der Lage sind, ein hochwirksames Antibiotikum auszuscheiden. Aus dem Institut für Mikrobiologie und experimentelle Therapie in Jena veröffentlichten Dr. Harald Brocker und Dr. Heinz Thrum Versuche, bei denen festgestellt wurde, dass *Myriophyllum spicatum* ein starkes Breitbandantibiotikum produziert. Das Max-Planck-Institut in Krefeld hat Ergebnisse mit höheren Wasserpflanzen erzielt, die das Bakterium *Escherichia coli* und andere Keime vernichten. Auffallend war dabei, dass diese Keime mit großer Schnelligkeit zum Absterben gebracht wurden. Die Versuche wurden daraufhin ausgedehnt. Wasserpflanzen werden im Abwasserbereich eingesetzt, um Phenole, Zyankali, Carbolsäure sowie Tenside und Bakterien zu binden.

Die Anwesenheit einer großen Pflanze wie Echinodorus osiris, die sich besonders stark ausbreitet, wenn sie nicht durch andere Pflanzen behindert wird, erscheint daher für die Wasserqualität und damit auch für die empfindlichen Larven besonders geeignet. Regelmäßig wird die Pflanze von den Skalaren als Laichsubstrat genutzt, auch zum Anheften der Larven bis zum Freischwimmen sowie für die nächtliche Unterbringung innerhalb der ersten Tage nach dem Freischwimmen.

Heizung

An Heizungen wird im Fachhandel eine breite Palette angeboten, vom einfachen Stabheizer mit Bimetallregler bis zum elektronisch gesteuerten Regler, an den dann auch mehrere Aquarien angeschlossen werden können.

Eine Bodenheizung ist in einem bepflanzten Aquarium sehr zu empfehlen. Durch die Heizschlangen wird eine thermische Wasserbewegung von unten nach oben durch den Bodengrund erzeugt. Dies wirkt wie ein Langsamfilter, fördert den Umbau der Stoffwechselprodukte vom giftigen Nitrit zu Nitrat, und den Wurzeln der Pflanzen wird ständig frisches Wasser zugeführt, aus dem sie Nährstoffe entnehmen können.

Der Bodengrund setzt sich nicht mit Kotresten zu und deshalb können keine anaeroben Zonen im Bodengrund entstehen. Durch die langsame Strömung kommt es auch zu einer den Pflanzen dienlichen Sauerstoffverringerung, so dass durch die Bakterien Nährstoffe wie beispielsweise Eisen wieder in eine für die Pflanzen verwertbare Form aufgeschlossen werden.

Filterung

Es gibt im Handel motorbetriebene und luftbetriebene Außen- und Innenfilter sowie eine breite Auswahl an Filtermaterialien, mit denen die Filter bestückt werden können. Diese reichen von Schaumstoff über Kies und Ton- bis zu sehr teuren Sinterglasröhrchen.

Für meine Zuchtaquarien haben sich luftbetriebene Innenfilter bewährt, die aus mehreren Röhren bestehen und eine Kunstfasermatte enthalten. Bei mehreren Röhren kann je nach Besatz des Aquariums pro Woche eine Röhre oder bei Aufzucht von Jungen auch mehrere ausgewaschen werden. Eine Filterröhre darf aber erst in der nächsten Woche gewaschen werden, so dass dort die Bakterien insgesamt erhalten bleiben, bis die ausgewaschenen Röhren wieder eingefahren sind.

Pflanzenaquarien betreibe ich ebenfalls mit einem Innenfilter aus Schaumstoff. Die Durchsatzleistung des Filters in Pflanzenaquarien muss im Verhältnis zum Inhalt des Aquariums geringer sein

Außenfilter sind eine Möglichkeit zur leistungsstarken und einfach zu bedienenden Filterung. In manche Außenfilter sind bereits Heizer eingebaut.

als bei Zuchtaquarien. Ein Durchfluss des gesamten Wasserinhalts pro Stunde ist völlig ausreichend, da ansonsten zu viel des von den Pflanzen benötigten im Wasser gelösten CO_2 ausgetrieben wird. Luftbetriebene Innenfilter dürfen in Pflanzenaquarien nur eingesetzt werden, wenn die Karbonathärte unter 1,5 °KH liegt. In diesem Fall kann der $C0_2$-Bedarf der Pflanzen aus der Atmosphäre gedeckt werden.

Bei Wässern über 2 °KH können für Pflanzenaquarien motorbetriebene Filter ausgewählt werden. Diese lassen sich dann mit einer notwendigen $C0_2$-Düngeanlage kombinieren.

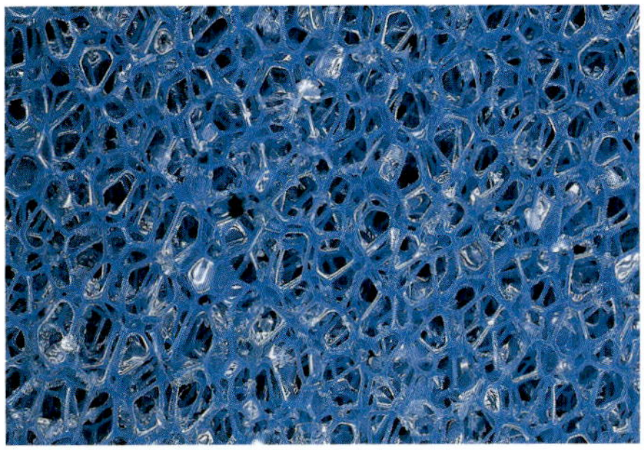

Blauer Filterschaumstoff (oben) und Sinterglasröhrchen (Mitte) sind zwei zur Besiedlung durch filteraktive Bakterien hervorragend geeignete Filtersubstrate. Aktivkohle (unten) dient der Entfernung unerwünschter chemischer Substanzen aus dem Wasser.

Obwohl das Paar noch Junge führte, laichte es erneut und zudem noch auf dem Filter ab. Der Laich blieb von den Geschwistern verschont, die Larven wurden dann gefressen. Foto: S. Brall

Große Außentopffilter sollten auf jeden Fall einen Vorfilter aus grobem Schaumstoff haben, der wöchentlich gereinigt wird. Ansonsten verstopfen und verdrecken die Topffilter zu schnell, so dass die lästige Reinigung unumgänglich wird.

Beleuchtung

Die Beleuchtung des Aquariums muss dem gewünschten Pflanzenwuchs und den verwendeten Pflanzen angepasst sein. Die Blätter der Vallisnerien wachsen bis zur Oberfläche und füllen mit der Zeit die gesamte Oberfläche aus, sofern sie nicht zurückgeschnitten werden. Sie sind für Skalaraquarien sehr geeignet, da diese Fische gern zwischen den locker gepflanzten Vallisnerien stehen. Das Licht wird durch die auf der Wasseroberfläche liegenden Blätter der Vallisnerien gedämpft, und der grüne Blattfarbstoff nimmt dort die Hauptmenge an Licht auf. Auf jeden Fall ist die Beleuchtung durch eine Schaltuhr zu regeln, damit eine Kontinuität und Regelmäßigkeit gewahrt bleibt. Der Tropentag beträgt zwölf Stunden. Länger sollte die Beleuchtungsdauer nicht sein, da ansonsten verstärkt Algen wachsen. Erhält das Aquarium auch Tageslicht, kann die Beleuchtungsdauer auf acht Stunden täglich verkürzt werden.

Von einer stundenweisen Abschaltung während des Tags, die bisweilen empfohlen wird, rate ich ab. Die Pflanzen werden dadurch in ihrem Tag- und Nachtrhythmus gestört.

Bei zahlreichen Planzen wie Haarnixen, den Cabomba-Arten, kann man sehen,

Junge *Pterophyllum altum*

Schön bepflanzte Skalar- oder Gesellschaftsaquarien mit Skalaren müssen gut beleuchtet sein.

wenn sie ihre Schlafstellung einnehmen und die Blätter nach oben zusammenklappen. Dies geschieht nach der Eingewöhnung der Pflanzen bereits 10 bis 15 Minuten bevor das Licht ausgeht. Die Pflanzen orientieren sich also auch bei künstlicher Beleuchtung an der Zeit. Wird die Zeiteinstellung geändert, nehmen die Pflanzen trotzdem ihre Schlafstellung ein, öffnen sich nach einer geraumen Zeit wieder und werden dann beim späteren Löschen des Lichts in ihrer Wachstellung „überfallen". Die Umgewöhnungszeit beträgt mehr als eine Woche, dies kann der Aquarianer bei der Umstellung auf die Sommerzeit beobachten. Tageweise Verschiebungen sind daher auf jeden Fall zu unterlassen.

Bezüglich der Lichtfarbe der Leuchtstoffröhren darf ich auf das „Handbuch Aquarientechnik" von H. J. Krause verweisen. Bei einem reinen Zuchtaquarium ist es egal, welche Lichtfarbe verwendet wird. Es empfehlen sich jedoch Lumilux- oder Super-80-Röhren. Ich empfehle bei Skalaren die Lichtfarben Osram Nr. 31 und Philips Nr. 830. Die Lumilux- oder Super-80-Röhren geben mehr Licht ab, so dass weniger Leuchtstoffröhren benötigt werden. Bei Zuchtaquarien ist dies ohnehin nicht erforderlich. Es reichen dort die Standardlampen, wobei ich eine Warmtonröhre Philips Nr. 29 oder Osram Nr. 30 empfehle.

In Schauaquarien, die auch mit Pflanzen bestückt sind, empfiehlt sich – je nach Tiefe des Aquariums – auf jeden Fall eine Leuchte mit höherer Lichtausbeute, also Lumilux oder Super 80. Hier hat sich die Kombination Philips Nr. 83 mit Nr. 84 oder Osram Nr. 21 mit Nr. 31 bewährt. Bei holländischen Pflanzenaquarien können auch Quecksilberdampf-Hochdrucklampen (HQL-Lampen) oder Quarzbrenner (HQI-Strahler) verwendet werden.

Welches Wasser ist für Skalare geeignet?

Für die Pflege von Skalaren ist grundsätzlich zwischen den Nachzuchten und Wildfängen zu unterscheiden.

Wildfänge dürfen prinzipiell nur unter solchen Wasserbedingungen gehalten werden, die in der Heimat der Fische vorhanden sind. Skalare kommen – je nach Art – in allen drei klassischen Gewässertypen des Amazonasgebiets vor, dem Klar-, Schwarz- und Weißwasser. Allen Gewässern sind eine geringe elektrische Leitfähigkeit, ein pH-Wert unter 6,5 und eine geringe Belastung durch Nitrat gemeinsam. Bei den Schwarzwässern kann der pH-Wert sogar unter 3,5 liegen.

Die Temperatur liegt im Mittel bei 30 °C, etwa zwischen 28° und 32° Celsius.

Nachzuchten lassen sich nach meiner Erfahrung durchaus auch in hartem Leitungswasser halten; eine Zucht wird darin jedoch nicht erfolgreich sein. Die Temperatur muss trotzdem bei mindestens 27 °C liegen. Die Gesamthärte der amazonischen Gewässer beträgt maximal 1,2 °dGH und die Karbonathärte meist weniger als 0,5 °KH. Nitrit ist regelmäßig nicht nachweisbar und Nitrat liegt unter 1 mg/l. Auch andere Wasserinhaltsstoffe wie Phosphat und Chlorid existieren nur in Spuren. Der berühmte Limnologe (Gewässerforscher) Prof. Dr. H. Sioli hat die Gewässer Amazoniens mit leicht verunreinigtem destilliertem Wasser verglichen.

Auch wer Skalare nur halten möchte, muss Wasser zur Verfügung haben, das nicht mehr als 4 °KH und eine Gesamthärte von maximal 6 °dGH aufweist.

Um den Nitratgehalt niedrig zu halten, ist ein regelmäßiger Wasserwechsel erforderlich. Wasser- und Filterwechsel erfolgen am besten im Rhythmus von einer Woche; wobei zu empfehlen ist, dass zwei Innenfilter oder ein aus mehreren Teilen bestehender Innenfilter eingesetzt werden und jede Woche nur einer der Filter oder ein Teil gesäubert wird.

Soeben geschlüpfte Larven, die bereits umgebettet und dichter zusammen gelegt wurden. Die winzigen Schwänzchen sind kaum zu erkennen, hingegen sind die auffälligen Dottersäcke gut sichtbar. Auf dem Blatt befinden sich auch noch die Reste von drei „verpilzten“ Eiern.
Foto: S. Brall

Sofern das Aquarium dicht bepflanzt ist und regelmäßig Wasser gewechselt wird, kommt es sicherlich zu einer Paarbildung und zum Laichen der Skalare. Allerdings ist bei diesen Verhältnissen noch nicht gewährleistet, dass die Larven aus den Eiern schlüpfen und – sollte dies doch der Fall sein – zu Jungfischen aufgezogen werden können. Dies hängt mit dem osmotischen Druck zusammen.
Sämtliche Zellen der Lebewesen haben in ihrem Inneren Zellflüssigkeiten, die einen gewissen Salzgehalt aufweisen. Die Zellwände sind dagegen durchlässig und tauschen Wasser- und andere Moleküle aus, um den inneren Salzgehalt dem Salzgehalt des Umgebungswassers anzupassen. Dabei haben Salzlösungen die Eigenschaft, dass die höher konzentrierte ständig bemüht ist, die geringer konzentrierte Salzlösung aufzunehmen und sich zu verdünnen. Dieser Prozess wird Diffusion genannt.

Tipp **Diffusion führt zu den bekannten Phänomenen der aufplatzenden Kirschen im Sommerregen.**

Regenwasser war früher fast salzfrei.
Ein Beispiel: Im Inneren der Kirsche befindet sich der Zellsaft, der Mineralien und Spurenelemente und auch andere gelöste Salze enthält. Liegt nun ein Regenwassertropfen auf der Kirschhaut, so kann diese als undurchlässige Wand den Wasseraustausch nicht vollziehen, so dass die äußere Kirschhaut aufplatzt.

Ein guter Pflanzenwuchs trägt zur Sicherung einer gleichmäßig guten Wasserqualität bei. Das sichert wiederum das Wohlbefinden der Fische.

Die innen liegenden Zellwände der Eier gleichen sich wie bei der Kirsche dann mit dem Umgebungswasser auf dem Wege der Diffusion aus. Der höhere Mineralgehalt des Wassers führt folglich zu einer Schädigung der Eier, da diese sich dem Mineralgehalt des Umgebungswassers anpassen und Zellflüssigkeit an das härtere Außenwasser abgegeben wird. Die Eizelle vertrocknet daher.
Bei weicherem Außenwasser als dem Wert, an den die Eizelle adaptiert ist, würde sie aufquellen. In beiden Fällen wird die Eizelle stark geschädigt und entwickelt sich nicht. Die Larven sind diesbezüglich noch empfindlicher.
Eine erfolgreiche Aufzucht wird im Kapitel „Erfolgreiche Zucht“ behandelt; sie setzt ein Zuchtwasser voraus, das dem Typus des Heimatgewässers entspricht.

Rinderherz ist nur ein notdürftiges Ersatzfutter für Skalare. Auch in mit Vitaminen und Spurenstoffen aufbereiteter Form sollte es nicht an Skalare verfüttert werden.

Ausgewachsene Salinenkrebschen, *Artemia salina*, sind hingegen ein ausgezeichnetes Futter. Die Jugendstadien des Krebschens eignen sich besonders für die Jungfischfütterung.

Schwarze Mückenlarven sind ein recht gutes Futter, doch muss die Herkunft gesichert sein, damit die Mückenlarven keine Giftstoffe enthalten.

Skalare sind keine Futterspezialisten und haben sich mit ihren Nahrungsbedürfnissen an ihre natürliche Umgebung angepasst. Die Verdauungssysteme der Pflanzen fressenden Cichliden unterscheiden sich in ihrem Aufbau deutlich von dem der Fische fressenden Cichliden. Der Verdauungstrakt der Pflanzenfresser ist um vieles länger als jener der Fischfresser.

Tipp

Skalare sind Fleischfresser. Pflanzliche Nahrung nehmen sie nur indirekt über die Inhaltsstoffe der Nährtiere auf.

Bei der Aquarienhaltung neigt der Aquarianer gerne dazu, es sich etwas einfach zu machen, wenn es darum geht, seine Fische zu füttern. So greift er gern auf Fertigfutter zurück, welches in Form von Cichlidenflocken oder -granulat angeboten wird. Doch auch hier muss unterschieden werden, ob es sich um Futter für Pflanzen fressende oder Fleisch fressende Cichliden handelt. Skalare vertragen das Fett von Schlachttieren wie zum Beispiel Rindern nur schlecht und könnten dadurch Verdauungsstörungen bekommen. Zum Glück fressen jedoch alle Skalare sehr gerne kleine Krebstiere wie ausgewachsene Artemia-Krebschen, Cyclops und auch zerkleinerte Garnelen.
Viele Skalarzüchter schwören auf ihr eigenes Futter, welches sie meist aus Garnelen, Rinderherz und weiteren Zutaten herstellen.

Rinderherz

Salinenkrebschen

Schwarze Mückenlarven

Im Fachhandel gibt es zahlreiche Fertigfutter für Cichliden, dazu gehören Flockenfutter und Pellets. Erfahrungsgemäß nehmen Skalare gerne Flocken- oder Granulatfutter an und deshalb ist dieses Futter ebenfalls gut geeignet.

Moderne Flocken- und Granulatfuttersorten gibt es in verschiedenen Größen, so dass den Skalaren während der einzelnen Wachstumsstadien individuelle Sorten angeboten werden können.
Ein weiteres wichtiges Futter sind die verschiedenen Frostfuttersorten, die fast ausnahmslos für Skalare geeignet sind. Dazu gehören Weiße und Schwarze Mückenlarven sowie gefrostete Artemia-Krebschen und Krill.

Die richtige Fütterung

Wie oft Skalare gefüttert werden sollen, ist von ihrem Alter abhängig. Jungfische benötigen öfter am Tag kleine Futterportionen. Die Jungfische müssen regelrecht im Futter stehen, damit sie schnell heranwachsen und sich gut entwickeln können. Wichtig ist bei jeder Fütterung, dass das Futter in mehreren kleineren Portionen über den Tag verteilt angeboten wird. In der Praxis bekommt der Aquarianer schnell das richtige Gefühl für die ideale Futterportion.

Tipp **Erwachsene Skalare können täglich zwei- bis dreimal gefüttert werden. Für Jungfische empfiehlt es sich, täglich vier oder mehr kleinere Futterrationen zu verabreichen.**

Werden die Fische ausreichend gefüttert, dann werden auch Aggressionen vermindert und abgebaut. Bei einer einmaligen Fütterung käme es sehr schnell zu Kämpfen ums Futter.
Selbstverständlich besteht auch im Aquarium eine gewisse Nahrungskonkurrenz sowohl bei den Skalaren untereinander als auch mit den Gesellschaftsfischen, wie dies ja auch in der Natur der Fall ist.
Fische ruhen während der Nacht und erst etwa eine halbe Stunde nach dem automatischen Einschalten der Beleuchtung des Aquariums oder der Betätigung durch den Aquarianer beginnen sie ihre volle Aktivität zu entfalten. Jetzt ist es auch an der Zeit, die erste Fütterung vorzunehmen.

Gut genährter Marmorskalar im Gesellschaftsaquarium.

Tipp **Füttern Sie Ihre Fische niemals unmittelbar nach dem Einschalten der Beleuchtung, denn die Skalare benötigen eine gewisse Zeit um aufzuwachen und aktiv zu werden.**

Wenn Sie den ganzen Tag beruflich unterwegs sein müssen und niemand die Fische tagsüber füttern kann, so empfiehlt es sich zu überlegen, ob Sie nicht einen Futterautomaten installieren und diesen mit Futtergranulat, Pellets oder Flocken versehen. So besteht die Möglichkeit, die Skalare mit Hilfe eines Automaten etwa zweimal zusätzlich zu füttern. Wenn Sie dann abends nach Hause kommen, können Sie ja noch eine gezielte Hauptfütterung mit Frostfutter vornehmen. Nach dieser Abendfütterung sollte aber mindestens noch für eine Stunde die Beleuchtung eingeschaltet sein.

Tipp Kurz vor dem Ausschalaten der Beleuchtung am Abend dürfen die Skalare nicht noch einmal gefüttert werden.

Skalare sind sehr dankbare Fische, was insbesondere auch die Fütterung anbelangt. Von meinen Diskusfischen bin ich die längere Begutachtung jedes Stückchen Futters, das Aufnehmen ins Maul und mehrfache Wiederausspucken gewöhnt. Das kann meinen Skalaren nicht passieren, auch Wildfängen nicht. Jeder Futterbrocken wird gierig aufgenommen und auf keinen Fall wieder ausgespuckt. Bei relativ großen Brocken stehen kleinere Skalare oft mehrere Minuten in einer Ecke und versuchen den, das ganze Maul ausfüllenden Brocken im Maul in einer Art Kaubewegung

Tipp Bis Diskusfische sich entschlossen haben zu fressen, sind die Skalare mit dem Futter schon fertig.

Zwischen Moorkienwurzeln fühlen sich Skalare besonders wohl, denn diese Einrichtung entspricht der ihrer Heimatgewässer am besten. Foto: M.-P. & C. Piednoir

Junge Skalare können mit vielerlei Futter großgezogen werden. Interessant ist es, ihnen eine Futtertablette an die Scheibe zu kleben, welche gierig gefressen wird. Nur eine ausgewogene und gute Fütterung wird dafür sorgen, dass alle Jungfische gleichmäßig und kräftig heranwachsen.

umzuschichten und doch noch herunterzuschlingen. Keinesfalls wird die Beute wieder ausgespuckt. Daher sind Diskusfische auch mit Skalaren nur sehr schlecht zu vergesellschaften.

Der Anfänger wird daher mit der Ernährung seiner Skalare keine Schwierigkeiten haben. Vorsicht ist allerdings vor einer Überfütterung und daraus resultierender Verfettung der Fische geboten.

An Futtermitteln bietet der Handel eine breite Palette an. Die erste Stelle nimmt heute das so genannte Trockenfutter ein.

Es kann – wie bereits erwähnt – aus Flocken, Granulat, Pellets oder Tabletten bestehen. Skalare sind mit Trockenfutter durchaus zu ernähren. Die im Handel erhältlichen Sorten sind sicher alle ausreichend mit Vitaminen und Spurenelementen versehen. Sie erfüllen bestimmt die an eine artgerechte Ernährung gestellten Ansprüche und sind in der Lage, den tierischen Organismus mit allen erforderlichen Stoffen zu versorgen.

Abwechslung ist allerdings das halbe Leben. Dies gilt auch für Fische. Wer im Überfluss lebt, wird keinen besonders

Vor allem im Gesellschaftsaquarium muss der Aquarianer darauf achten, dass die Fische aller Arten genügend Futter abbekommen.

großen Appetit entwickeln. Wer wirklich Hunger hat, findet sicher fast alles schmackhaft. Daher ist eine ständige Überfütterung sorgfältig zu vermeiden. Als Abwechslung zum Flockenfutter kommt selbst gezüchtetes Lebendfutter in Betracht. Eine Entnahme aus freien Gewässern ist nicht zu empfehlen und auch zu Futterzwecken nicht mehr gestattet. Die Gefahr, sich ein Ordnungsgeld einzufangen ist ebenso groß wie die Gefahr der Einschleppung von Fischkrankheiten aus dem Gewässer in der Natur ins Aquarium zu Hause.

Im Garten kann man in einem alten Aquarium oder sonstigen nichtmetallischen Behältnis eine Zucht von Schwarzen Mückenlarven – Vorsicht, die geschlüpften Mücken stechen! – oder auch Wasserflöhen halten. Die Mückenlarven stellen sich in einem solchen stehenden Gewässer „von allein“ ein. Für die Wasserflöhe muss man im Zoohandel einen Ansatz kaufen. In dem Behälter wird dann eine Algenblüte durch sonnige Aufstellung erzeugt. Anfangs kann auch eine Fütterung durch Eigelb und Hefe erfolgen. Im Winter steht dieses Futter allerdings nicht zur Verfügung.

Vom Zoohandel werden auch gefrorene Futtersorten angeboten: Rote und Weiße Mückenlarven, (ausgewachsene) Artemia salina, Tubifex und Wasserflöhe. Letztere sind für ausgewachsene Skalare wenig geeignet, da sie doch recht klein sind.

Frostfutter ist in der Haushaltsgefriertruhe mindestens ein Jahr haltbar. Die verschiedenen Mückenlarven werden inzwischen in Fernost in Teichen ohne Fischbesatz gezüchtet und sind recht preiswert zu erhalten.

Enchyträen, Grindal- und Mikrowürmchen kann jeder Aquarianer selbst züchten. Im Handel sind Zuchtansätze zu kaufen oder ein netter Vereinskamerad verschenkt vielleicht einen Zuchtansatz. Enchyträen sollten nur einmal wöchentlich verfüttert werden, da diese sehr fetthaltig sind und – nach verschiedenen Angaben in der Literatur – Leberverfettung eintreten kann.

Mikrowürmchen, richtiger Essigälchen, Anguillula silusiae, sind im Haushalt unerwünschte Gäste, jedoch habe ich damit bei der Aufzucht von jungen Skalaren sehr gute Erfolge erzielt. Sie sind etwas kleiner als frisch geschlüpfte Artemien, haben jedoch keinen so hohen Salzgehalt, der bei Jungfischen von Ska-

laren und Diskus Nierenschäden auslösen kann. Die Mikrowürmchen setzt man in einer leeren Kunststoffdose an, etwa einer leeren Margarinedose auf einem Teig aus altem Graubrot, zwei mittlere Scheiben und einem halben Päckchen frischer Hefe, beides zu einem nicht zu festen Teig verarbeitet. In die Mitte gibt man einen Teelöffel des Ansatzes. Nach zwei oder drei Tagen können die ersten Würmchen geerntet werden. Sie krabbeln an der Innenseite der Dose hoch und können mit einem Messer oder Löffel leicht abgestrichen werden. Die Zuchtdose sollte warm stehen, am besten warm und feucht in einem Zuchtkeller. Ein Heizungskeller ist auch geeignet, wenn der Feuchtigkeitsgehalt des Inhalts kontrolliert und gegebenenfalls Wasser nachgefüllt wird. Der Deckel der Dose sollte oben in der Mitte ein Loch von etwa 2 x 2 cm aufweisen.

Sobald der Nährboden verbraucht ist, muss ein neuer Ansatz hergerichtet werden. Eventuell kann der alte Ansatz einmal nachgefüttert werden, etwa mit Diskusgranulat. Die Würmchen werden dann schön rot und sind besser zu sehen.

Es gibt weiterhin eingefrorenes Futter aus Truthahnherz mit diversen Beimischungen. Im Handel sind diese zum Beispiel als Profi- oder Baby-Menü aus geschabtem Truthahnherz erhältlich.

Für Jungfische empfiehlt sich auch der Fang von Wiesenplankton. Man streift einfach mit einem großen Netz über eine wildwachsende Wiese. Der Aquarianer wird erstaunt sein, was sich alles im Netz

Rote Mückenlarven

befindet. Das Netz sollte auch recht lang sein, damit es nach dem Abstreichen der Wiese sofort mit der Hand verschlossen werden kann und der kostbare Fang nicht zum größten Teil wieder davon fliegt. In Ballungsgebieten ist diese Methode allerdings ergebnislos.

Es bleibt dann nur noch der Fang von Stubenfliegen, die sehr gern gefressen werden oder die Zucht der flugunfähigen Form der Fruchtfliege, Drosophila melanogaster, wovon Zuchtansätze im Handel zu erhalten sind.

Große Skalare können auch mit Raupen aus dem Garten und mit Fliegenlarven gefüttert werden. Diese findet man im Kompost, im Sommer im Hausmüll und kann sie in Anglergeschäften kaufen. Wer Drosophila selbst züchtet, kann auch die Maden der Drosophila verfüttern. Sehr gern werden auch Jungfische gefressen. Gerade für den Laichansatz der Zuchttiere ist eine Verfütterung von Jungfischen Lebendgebärender oder von

Zebrabärblingen, Danio rerio, von großem Nutzen.
Skalare sind recht robuste Pfleglinge, die auch mit leichten Infektionen von Darm und Kiemen ohne schwere Medikamente aus eigenen Abwehrkräften zurecht kommen können. In den letzten Jahren hat sich eine Unsitte breit gemacht, die der Mediziner die „ex-juvantibus-Methode“ nennt. Dies bedeutet, dass in einem ernsthaften, lebensbedrohenden Krisenfall auf Verdacht ein Medikament verabreicht wird, beispielsweise früher sehr beliebt bei Penicillin. Schlägt das Medikament an, ist der Patient gerettet, wirkt es nicht und der Zustand bessert sich auch ansonsten nicht, bleibt nur eine Schlussfolgerung, dass es eben keine Krankheit sein kann, gegen die dieses Medikament wirkt. Inzwischen ist bekannt, dass es Erreger gibt, die bereits gegen verschiedene Stoffe immun sind, weil diese vermutlich zu oft, in zu geringer Dosierung oder nicht lange genug verabreicht wurden.
Eine Medikamentierung der Fische auf Verdacht ist daher in jedem Fall abzulehnen. Vielfach werden Neuzugänge gern statt einer Quarantäne, die ja Zeit kostet, prophylaktisch mit einem starken Medikament wie Neguvon, Masoten, Flubenol, Formalin und Metronidazol behandelt. Die Verabreichung derartiger Medikamente ist dem Tierarzt vorbehalten, der diese erst nach einer eingehenden Diagnose anwendet. Zugegeben – es gibt nur wenige Tierärzte, die sich mit Zierfischen auskennen, zumindest sind sie aber in der Lage, die genaue Dosierung mittels einer Apothekerwaage zur Verfügung zu stellen. Ich empfehle, sich gegebenenfalls an die Krankheitenstelle des VDA oder an die Universitäten Düsseldorf, München oder Bochum zu wenden.
Sobald Fische, besonders teure Wildfangskalare und Diskus, irgend ein Verhalten zeigen, das auch einem Krankheitssymptom zugeordnet werden kann, setzt eine massive Behandlung ein. Wenn sich ein Aquarianer einmal am Handrücken kratzt, wird die Ehefrau nicht gleich das gesamte Schlafzimmer desinfizieren und den Aquarianergatten gegen die so genannte Krätze (Parasiten in der Oberhaut) behandeln.
Liest man im Bereich der Humanmedizin so manchen Beipackzettel und die Nebenwirkungen auf Leber und Niere, dann stellt sich die Frage, ob es sich lohnt, für die sicher lästige, aber vorübergehende Erkältung das mögliche Versagen der Nieren zu riskieren.
Auf der Packung von Neguvon fehlt beispielsweise jeder Hinweis auf Nebenwirkungen für Fische. Dies ist kein Wunder, da das Medikament gegen Parasiten von Kühen, Schweinen, Schafen und als kleinste Patienten für Hühner entwickelt wurde und auch die Verpackungen auf diese Menge abgestellt sind. Wer hat schon eine Apothekerwaage zu Hause? Neguvon – inzwischen wurde das Medikament verbessert – wird von Skalaren äußerst schlecht vertragen. Ich rate davon ab! Die Augen werden blass, die Farbe im äußeren Ring, der Iris, verschwindet ganz. Die Fische fres-

sen nicht mehr, auch nach mehrfachem Wasserwechsel tritt erst langsam eine Erholung ein. Die Parasiten sind wahrscheinlich tot, wenn sie nicht durch mehrfache frühere Unterdosierungen, vielleicht schon beim Importeur immun waren. Aber sind die Schädigungen beim Fisch nicht gravierender als der Erfolg? Ich schlage eine Behandlungsmethode vor, die zunächst die Möglichkeit einer Selbstheilung durch eigene Abwehrkräfte und deren Steigerung ermöglicht.

Wer die Möglichkeit hat, *Pterophyllum altum* in einem hohen und großen Aquarium heranwachsen zu lassen, wird für seine Mühe mit prächtigen und hochflossigen Schönheiten belohnt werden. Nur vereinzelt ist bisher die Nachzucht gelungen und sicherlich sind hier noch immer etliche Rätsel zu lösen.

Skalare sind zähe Aquarienfische und werden nicht so leicht krank. Dennoch muss sich ein Pfleger immer wieder die Fische, die Ihm anvertraut sind, genau ansehen, um rechtzeitig reagieren zu können. Bei guten Wasserverhältnissen treten allgemein weniger Krankheiten auf. Foto: M.-P. & C. Piednoir

Danach kann eventuell ein Breitbandpräparat angewandt werden.
Zunächst erreicht man eine Verbesserung der Heilungsbedingungen oder eine Beseitigung sichtlichen Unwohlseins des Fischs – Fressunlust, in der Ecke Stehen, Scheuern an Pflanzen und verstärkte Atmung – durch einen Wasserwechsel von 20 bis 33 %, was mit einer Temperaturerhöhung durch Hochstellen des Regelheizers um 2 °C einhergehen sollte. Tritt keine Besserung ein, sollte der Filter gereinigt werden und nochmals ein Wasserwechsel von 25 bis 33 % erfolgen. Nach der ersten Aktion wartet man sinnvollerweise zunächst einmal fünf bis sechs Stunden ab. Erst dann erfolgt die zweite Aktion.
Ist nach weiteren zwölf bis 15 Stunden noch keine Veränderung eingetreten, müsste man ein Mikroskop zur Hand haben, um einen Kiemenabstrich zu machen oder eine Kotprobe zu untersuchen. Hier kann notfalls der Tierarzt helfen.
Andernfalls kann die Temperatur nochmals langsam erhöht werden. Wenn wir ursprünglich 27 °C im Aquarium hatten, beträgt die Temperatur jetzt 29 °C und kann auf 31 °C erhöht werden.
Nach 24 Stunden sollte ein weiterer Wasserwechsel von 10 % folgen. Tritt immer noch keine Besserung ein, kann ein Kombinationspräparat wie eSHa-2000 Anwendung finden. Das Medikament ist mit genauer Dosierungsanleitung im Zoohandel erhältlich. Selbst die doppelte Dosierung ist unschädlich und in manchen Fällen sogar empfohlen.
Bei Ektoparasiten, beispielsweise Ichthyophthirius kann das Präparat mit Exit desselben Herstellers kombiniert werden.
Mit guten Medikamenten habe ich bereits eine bakterielle Augentrübung geheilt. In diesem Fall war es ein Diskuspaar, das während der Behandlung laichte. Vom Laich ist kaum ein Ei verpilzt und die Jungen sind einwandfrei groß geworden. Im Handel sind weitere Präparate verschiedener Firmen erhältlich, die alle erprobt sind und von Aquarianern für die Fische bevorzugt eingesetzt werden sollten.
Aus dem Verhalten sofort auf Kiemenwürmer zu schließen, etwa wegen des

Quarantäneaquarien besitzen keinen Bodengrund und nur ein oder zwei Versteckplätze.

Tipp

Wildfangskalare sind nach dem Umsetzen oft sehr gestresst, stehen heftig atmend in einer Ecke und fressen natürlich nicht sofort, noch nicht einmal besondere Leckerbissen.

Manchmal bewirkt die Erhöhung der Wassertemperatur eine Heilung.

heftigen Atmens, Darmparasiten wegen der Fressunlust und bei weißem Kot bleiben nur Nematoden – solche Schlüsse sind oft fehlerhaft. Diesem Trugschluss ist schon mancher Wildfang zum Opfer gefallen. Sie werden sich selbst bei einer häufig vorkommenden Darmverstimmung (Durchfall) sicherlich nicht sofort auf Ruhr (Dysenterie) oder Typhus behandeln. Der Fisch braucht zunächst einmal Ruhe und Zeit, um sich in die neue Situation einzufinden. Die Umstellung löst auch körperliche Reaktionen aus, zu denen sicher die oben beschriebenen Symptome gehören. Also zunächst optimale Bedingungen bezüglich des Milieus schaffen (Wasser, Temperatur, Filter), dann erst abwarten und erst, wenn alles nicht hilft behandeln.

Da die Geschlechter bei den Skalaren außerhalb der Laichzeit nur sehr schwer zu unterscheiden sind, es sei denn, der Aquarianer kann die Fische an äußeren Merkmalen auseinanderhalten und hat sich diese bei einem früheren Laichvorgang gemerkt, ist es nicht möglich, im Handel einfach ein Paar zu erwerben.

Deshalb ist es zweckmäßig, zunächst zehn bis zwölf Jungfische zu kaufen und dann abzuwarten, bis sich daraus die ersten Paare bilden. Dies ist sehr leicht zu erkennen, weil diese sich von der übrigen Gruppe absondern und ein Revier besetzen, das sie gegen andere Fische, vor allem aber gegen Artgenossen verteidigen. Dagegen werden Panzerwelse, Corydoras, Zwergbuntbarsche, Apistogramma, oder andere Arten außerhalb der Laichzeit toleriert und nur in seltenen Fällen angegriffen.

In manchen Fällen ist es vielleicht sogar besser, das Paar in Ruhe zu lassen und stattdessen die anderen Bewohner des Aquariums umzuquartieren.

Die Paarbildung erfolgt am einfachsten in einem großen Aquarium aus einem Schwarm gleichaltriger Skalare. Sehr bald wird sich ein Pärchen zusammenfinden, ein Revier in Beschlag nehmen und dieses gegen die Mitbewohner verteidigen.

Skalare sind relativ schlechte Schwimmer, was für das Herausfangen eines Zuchtpaars von großem Vorteil ist. Auch können geschlechtsreife Paare an gewissen äußeren Merkmalen leicht unterschieden werden. Zu diesen Merkmalen gehört die Ausgestaltung der Querbänderung, die manchmal Ecken oder Vorsprünge aufweist. Bisweilen bestehen auch individuelle Merkmale in einer besonderen Pigmentierung, wie etwa zusätzliche, blau irisierende Punkte auf den Flanken. Die Partner müssen einander erkennen können, da bei vielen Skalarpaaren im Aquarium eine Partnertreue für das gesamte Leben besteht. Skalare sind also monogam – mit den normalen Abweichungen.

Skalare können auch Laute von sich geben. Dies sind knackende Geräusche, die sich etwa anhören wie „klag, klag, klag“. Vornehmlich werden diese Laute bei Revierstreitigkeiten an den Reviergrenzen geäußert. Die Skalare müssen demzufolge auch über ein Gehör verfügen, da diese Laute ansonsten ohne jedweden biologischen Sinn wären. Da alle natürlichen Funktionen einen biologischen Sinn haben, wäre es unsinnig, akustische Fähigkeiten auszubilden, die vom Gegenüber oder vom Fisch selbst nicht wahrgenommen werden können.

Porträt eines schönen Marmorskalars. Foto: Dr. J. Schmidt

Pterophyllum altum in einem schönen großen Gesellschaftsaquarium im Schauaquarium des Baseler Zolli fotografiert. Foto: Dr. J. Schmidt

Mit der Revierbesetzung beginnt das Paar den ausgewählten Laichplatz zu putzen. Skalare laichen gern auf Pflanzenblättern. Bevorzugt werden große und breite Blätter der *Echinodorus*-Arten. Auf den Blättern der Riesenvallisnerie wird ebenfalls gern gelaicht. Skalare akzeptieren auch eine Tongrabvase, oder eine Holzwurzel. Zur Not nehmen sie PVC-Rohre, Heizstäbe und die Aquarienscheiben als Laichsubstrate an.

Mit Eintritt der Laichreife schwimmen die Skalare zu einem zukünftigen Laichplatz und beginnen mit dem Putzen des Substrats. Die großen Blätter von *Echinodorus*-Arten oder auch die Blätter der großen Vallisnerie werden zum Teil so heftig geputzt, bis die Blätter schließlich Löcher aufweisen. Das Laichsubstrat wird abwechselnd etwa ein bis zwei Tage geputzt. Zu diesem Zeitpunkt treten dann auch die Laichpapillen stark hervor, so dass die Geschlechter für den Betrachter zu unterscheiden sind. Die Weibchen sind regelmäßig kleiner als die Männchen. Die Männchen wirken zudem in der gesamten Gestalt etwas bulliger.

Nach probeweisem Scheinlaichen, das sich über mehrere Stunden bis zu einem Tag hinziehen kann, beginnt das Weibchen mit der Eiablage, indem es über das Laichsubstrat schwimmt. Die Genitalpapille berührt dabei das Substrat und die Eier werden in Reihen abgelegt. Direkt nachdem das Weibchen eine Reihe Eier auf das Substrat gelegt hat, schwimmt das Männchen über das Laichsubstrat und besamt so die abgelegten Eier. Die gesamte Laichphase dauert etwa zwei Stunden und findet vornehmlich in den Nachmittags- oder frühen Abendstunden statt. Die Größe des Geleges liegt zwischen 200 und 500 Eiern. In der Literatur werden Gelege von 1000 Eiern erwähnt. Derartig große Gelege konnte ich bisher nicht feststellen. Auf jeden Fall liegt die Ausbeute eines Geleges im Regelfall zwischen 150 und 300 Jungfischen. Daraus lässt sich schließen, dass der Skalar ebenfalls in die Nahrungskette eingegliedert ist und besonders dann Verluste hinnehmen muss, so lange die Jungfische noch nicht die flache Skalargestalt haben, sondern die sonst übliche, längliche Fischform.

Deutlich ist die Laichpapille bei diesem Skalar zu sehen. Auf der Tonwurzel werden die Eier abgelegt.

HINWEIS: Wer schon einmal versucht hat, Skalare in einem Gesellschaftsaquarium aufzuziehen, weiß auch, dass schon im Larvenstadium erhebliche Verluste auftreten und die Eltern nur sehr wenige Junge aufziehen können.

Damit Skalare erfolgreich laichen können, benötigen sie zur Ernährung auch eine entsprechende Menge an Lebendfutter. Nur dann können sie sich gut entwickeln und Laichansatz bilden. Auch die prächtige Beflossung wird selbstverständlich durch eine optimale Fütterung begünstigt. Die Männchen erscheinen etwas steiler im Körperbau und in der Kopfform.

Dieses Skalarweibchen legt seine Eier auf einem Pflanzenblatt ab.

Die Aufzucht im Gesellschaftsaquarium gelingt meist nur, wenn eine nächtliche Beleuchtung verbleibt, damit die Eltern auch nachts Brutpflege ausüben können. Dafür reicht eine Sparbirne von 7 bis 11 W in der Nähe des Aquariums aus. Die Eltern selbst dürften im Erwachsenenstadium nur noch wenigen anderen Fischen oder Fischreihern als Nahrung dienen, da sie beim Verzehr ausgesprochen „unhandlich" sind.

Die Zeitigungsdauer der Eier zu Larven und der Larven bis zum Freischwimmen ist von der Temperatur abhängig. Bei 27 °C schlüpfen die Jungfische nach zwei Tagen. Sie hängen dann als Larven an Blättern. Sterba schreibt, dass die Jungfische nach einiger Zeit von den Eltern in Gruben untergebracht werden. Dies konnte ich bislang nicht beobachten.

Die Eier werden regelmäßig befächelt und von beiden Eltern umsorgt. Im Gesellschaftsaquarium gelingt jedoch die Eientwicklung meist aus Wassergründen nicht optimal und auch die Aufzucht der Larven ist fast unmöglich.
2 Fotos: M.-P. & C. Piednoir

Selbst wenn die Jungfische dann nach weiteren fünf Tagen geschlüpft sind und frei schwimmen, werden sie an den ersten drei bis vier Tagen noch abendlich eingesammelt und an Blättern aufgehängt. Die Larven haben am Kopf eine Drüse, die einen Klebefaden produziert, mit dem sie am Substrat oder auch an ihren Geschwistern hängen bleiben. Diese Drüse muss nach meinen Beobachtungen noch für drei bis vier Tage nach dem Freischwimmen erhalten bleiben. Dann werden die Jungfische abends von den Eltern in eine obere Ecke, gern hinter den Heizstab, getrieben und stehen dort als dichter Schwarm. Zu diesem Zeitpunkt hatte ich das Nachtlicht bereits ausgeschaltet und habe dies mit einer Taschenlampe beobachtet. Sobald Licht einfällt, werden die Jungfische offensichtlich wach und beginnen auszuschwärmen. Die Ausschaltung des Nachtlichts ist jedoch nur in Zuchtaquarien sinnvoll, in denen das Paar mit den Jungen allein ist. Ansonsten können die Eltern die Revierverteidigung nicht aufrecht erhalten.

Nach dem Freischwimmen werden die Jungfische von beiden Elternteilen bewacht. Ein ausgesprochenes Führungsschwimmen durch einen Elternteil, mit Ablösung des anderen Teils wie bei Diskusfischen findet in dieser konkreten Ausgestaltung bei Skalaren nicht statt. Ich habe festgestellt, dass es in Zuchtaquarien, in denen das Paar mit den Jungen allein ist, bisweilen zu einer Aufteilung des Jungfischschwarms kommt, so dass jeder Elternteil seinen Trupp zu betreuen hat. Die Eltern signalisieren durch Aufstellung der Rücken- und Afterflosse und periodisches Zucken mit diesen beiden Flossen und den fühlerähnlich verlängerten Bauchflossen den Jungfischen die Richtung. Bei Gefahr schwimmen die Jungfische dicht an die Eltern heran. Die Ausgabe und der Empfang dieser Signale ist also angeboren, da die Jungfische das Verhalten nicht erst lernen müssen und auch die Eltern es bereits bei der ersten Brut beherrschen.

Larven, kurz vor dem Freischwimmen, der Dottersack ist fast aufgebraucht.

Die Larven beginnen frei zu schwimmen. Fotos: S. Brall

Pterophyllum scalare-Weibchen mit Jungfischen, deutlich sind die mit Artemien gefüllten Bäuche der Kleinen zu erkennen.

Die Umformung in die ausgewachsene Gestalt der Eltern mit der entsprechenden Verlängerung der Rücken- und Afterflosse beginnt etwa 20 bis 23 Tage nach dem Laichen. 24 Tage nach dem Laichen bildet sich die Querstreifung und wird erkennbar. Nach etwa 30 Tagen haben die Jungen die Form der Eltern und eine Länge von 12 bis 14 mm erreicht, wobei der Zeitraum – je nach Menge der Fütterung und auch der Wassertemperatur – schwanken kann.

Nach sechs Wochen können die Jungfische problemlos von den Eltern getrennt werden. Die Jungfische neigen auch untereinander dazu, die Flossen zu picken und sich vor allem die Rücken- und Afterflosse zu zerbeißen. Damit sich die hohe Flossenform entwickeln kann ist es zweckmäßig, die Jungfische etwa nach zwei Monaten in nicht zu dichten Schwärmen in gut bepflanzten Aquari-

Jungfische im Übergangsstadium von der länglichen Fischform zur eigentlichen Skalarform.
2 Fotos: S. Brall

Die kleinen Skalare haben schon ein hohes Futterbedürfnis und wurden bereits von den Eltern getrennt.

Elternskalar mit Jungfischen. Foto: S. Brall

en mit Versteckmöglichkeiten weiter aufzuziehen. Optimale Ergebnisse lassen sich nur erzielen, wenn in Aufzuchtaquarien von 100 x 50 x 40 cm Größe nicht mehr als zwanzig Jungfische bis zur Größe eines 2-Euro-Stücks aufgezogen werden. Ab dieser Größe dürfen es sogar nur noch höchstens zehn Jungfische sein.

Kleine und große Skalare können zusammen aufgezogen werden, sobald die Jungfische eine Mindestgröße erreicht haben, die es den Erwachsenen unmöglich macht, die Kleinen zu verspeisen.

Fehlschläge in der Zuchtpraxis

In meinem Gesellschaftsaquarium in der Größe von 200 x 50 x 60 cm hatten sich aus einem Schwarm von zwölf Jungfischen drei Paare gefunden. Alle drei besetzten jeweils ein Revier und laichten darin regelmäßig ab. Die Wasserwerte sahen durch Zusatz von Osmosewasser wie folgt aus: pH-Wert 6,8, elektrische Leitfähigkeit 320 µS/cm, 5 °KH, 7 °dGH, 5 mg/l NO_2^{2-}, NO_3^{2-} nicht nachweisbar. Die Skalare laichten im Abstand von zwei bis drei Wochen. Die Jungen schlüpften bei einer Temperatur von 25 °C jeweils nach drei Tagen. Sodann wurden die Jungen von den Eltern auch betreut. Am zweiten Tag nach dem Schlüpfen begannen die Larven eine weißliche Verfärbung am Bauch anzunehmen. Sie wurden etwas blasser. Am dritten Tag nach dem Schlüpfen fielen die Larven des Öfteren vom Blatt. Sie wurden von den Eltern immer wieder eingesammelt und auf das Blatt gespuckt.

Dabei konnte ich allerdings beobachten, dass die Jungen sehr schlecht hafteten. Regelmäßig am fünften Tag nach dem Schlüpfen waren die jungen Skalare verschwunden. Zuvor konnte man beobachten, dass die Eltern vergeblich bemüht waren, die Larven wieder auf das Blatt zu spucken. Die Jungen wurden auch mehrfach umgebettet, hafteten jedoch besser aneinander als an der Unterlage. Ich gehe nicht davon aus, dass die Eltern die Jungen gefressen haben, sondern dass die Jungen nach und nach vom Blatt fielen und von den Eltern nur zum Teil wieder eingesammelt wurden, weil ein anderer Teil am Boden verschwand und damit meinen Panzerwelsen als Nahrung diente. Auch eine nächtliche Beleuchtung mit einer Sparbirne von 6 W brachte keine Änderung. Ich befürchtete, dass die Larven von anderen Fischen, zum Beispiel meinen Panzerwelsen, nachts im Gesellschaftsaquarium gefressen wurden. Dieses Phänomen des Blasswerdens der Larven setzte sich auch in einem anderen Aquarium fort. Dort lagen die Wasserwerte folgendermaßen: elektrische Leitfähigkeit 140 µS/cm, pH-Wert 6,2; 3 °KH, 3,5 °dGH, annähernd 0 mg/l NO_2^{2-}, 10 mg/l NO_3^{2-}, O_2 abends 5 bis 6 mg/l. Auch in diesem Aquarium wiederholte sich das oben geschilderte Phänomen.

Vielfach kam es nicht einmal zum Schlupf der Larven. Die Eier werden von den Eltern gefressen oder werden weiß und verschwinden dann. Der Aquarianer spricht dann häufig vom „Verpilzen“ der Eier. Ein Pilz tritt auf den Eiern aber erst

Marmorskalar im dicht bepflanzten Gesellschaftsaquarium. Foto: Dr. J. Schmidt

viel später nach deren Absterben auf. Die Eier werden weiß, weil sie gerinnen. Die Keimscheibe ist ein winziger Punkt auf dem Dotter, von dem sich die Larven bis zum Freischwimmen ernähren. Das Eiweiß, aus dem der Dotter besteht, gerinnt und wird dadurch weiß. Die Ursache liegt mit an Sicherheit grenzender Wahrscheinlichkeit an falschen Wasserwerten oder an mit Stoffwechselendprodukten belastetem Wasser. Die geronnen Eier werden von den Eltern bei der Betreuung des Laichs herausgepickt und gefressen. Wird das ganze Gelege gefressen, schiebt der Aquarianer den Eltern die Schuld zu und verdächtigt sie des „mutwilligen“ Eierfressens. Dabei ist zu berücksichtigen, dass die Skalareltern das Gerinnen der zum Beispiel auch nicht befruchteten Eier viel früher ent-

In Aufzuchtaquarien können nicht alle Jungfische gleichmäßig groß werden. Deshalb empfiehlt es sich immer wieder, die Jungfische nach Größen zu sortieren. Foto: M.-P. & C. Piednoir

decken als wir. Das Entfernen dieser Eier entspricht daher einer gut ausgebildeten Brutpflegemotivation und für die einwandfreie Qualität des Zuchtpaars.

Die Larven werden von vielen unter menschlicher Obhut gezüchteten Skalaren nicht mehr gefressen; sondern dadurch, dass sie deformiert sind, haften sie nicht und können von den Eltern nicht mehr alle eingesammelt werden. Die Eltern betreuen zuletzt nur noch wenige Larven und geben dann schließlich auf. Bei Wildfängen fressen die Eltern ihre Fortpflanzungssprodukte sofort, sobald sie erkennen, dass die Eier oder Larven nicht einwandfrei sind. Der Aquarianer bezichtigt seine Fische dann des Kannibalismus. Indessen hat dieses Verhalten einen Sinn und seine Berechtigung in der natürlichen Auslese und in der Rettung der wertvollen Rohstoffe für die Fische. Die Eltern machen sich das nahrhafte Eiweiß wieder zunutze und können so früher einen zweiten Versuch unternehmen, um sich doch noch erfolgreich fortzupflanzen und ihre Gene weiterzugeben. Die erste bereits defekte Jungfischgeneration wäre in der Natur ohnehin verloren und fiele der natürlichen Nahrungskette anheim. Die Eltern machen sich daher die wertvollen Ressourcen erneut selber zunutze. Von der Nahrhaftigkeit der Larven konnte ich mich überzeugen, als eines meiner Zuchtpaare zum zweiten Mal laichte, als es noch etwa drei bis vier Wochen alte Junge führte. Die Eltern laichten und die Eier entwickelten sich auch zu Larven. Solange diese auf dem Blatt hafteten, war alles in Ordnung. Der Schwarm der schwimmenden Jungfische wurde ordnungsgemäß betreut, aber von dem Laich ferngehalten. Als die Larven begannen freizuschwimmen, verloren die Eltern jedoch den Überblick und spuckten diese Jungen nicht auf das Blatt zurück, sondern in den Schwarm der bereits freischwimmenden Jungen, die diese natürlich sofort auffraßen. Der Vorgang zog sich über zwei Tage hin. Die frei schwimmenden Jungfische

wuchsen innerhalb von drei bis vier Tagen um das Doppelte. Ein solches Wachstum konnte ich bisher weder mit Mikrowürmchen, gehackten Mückenlarven, Rinder- und Putenherzmischungen und *Artemia* (angefüttert), noch mit irgend einem Trockenfutter erreichen.
Daraus darf auch geschlossen werden, dass die Jungfische sich untereinander nicht erkennen und nur deshalb nicht fressen, weil die Jungfische eines Wurfs zumindest in der Anfangsphase gleich groß sind. Jungfische und erwachsene Skalare kann man gemeinsam halten, sofern die Jungen bereits zu groß sind, um noch ins Maul der Älteren zu passen.

Künstliche Aufzucht

Vielfach werden der Laich oder auch die Larven den Eltern weggenommen und in ein gesondertes Aquarium überführt. Es ist durchaus möglich, die Eier auch ohne die Eltern zu erbrüten und die Jungen aufzuziehen, da diese nicht auf ein Sekret der Eltern in den ersten Tagen angewiesen sind, wie dies bei Diskusfischen der Fall ist. Es wird manchmal empfohlen, einen Ausströmer neben dem Laichsubstrat anzubringen, den Laich in dasselbe Wasser des Aquariums zu überführen, in dem gelaicht wurde. Diese Methode ist abzulehnen! Der Laich „verpilzt“ ohnehin, wenn die Wasserwerte nicht stimmen. Die Larven können sich ohne Eltern auch nicht besser entwickeln.
Vielfach wird die Meinung vertreten, dass der Skalar durch lange Inzucht und auch die künstliche Aufzucht sein genetisch festgelegtes Brutpflegeverhalten eingebüßt habe.
Erbinformationen können dann dadurch verloren gehen, dass ein bestimmtes Verhalten in der Gefangenschaft nicht mehr benötigt wird. Bei der künstlichen Aufzucht der Skalare kommt hinzu, dass im späteren Verlauf auch solche Fische zur Fortpflanzung gelangen, die keine Erbinformation zur Brutpflegemotivation mehr haben.
Kommt also ein solcher so genannter genetischer Mutant aufgrund der künst-

HINWEIS: Nach den derzeit gültigen Erkenntnissen der Erblehre ist anerkannt, dass die Zucht in Gefangenschaft durch viele Generationen, verstärkt durch Inzucht, zu Verhaltensveränderungen führt.

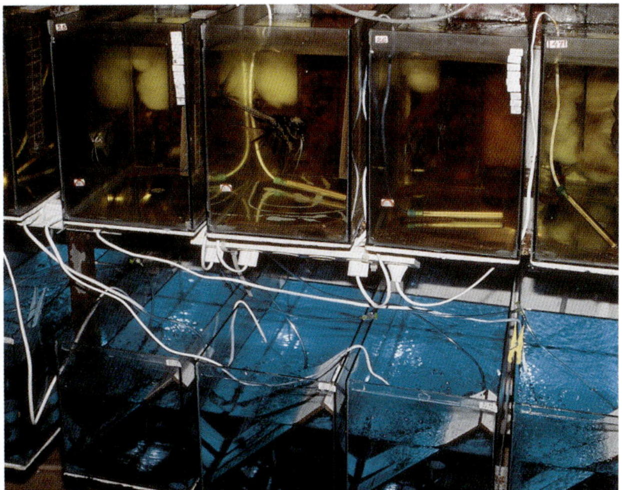

Zuchtanlagen sehen immer etwas anders aus als Hobbyaquarien. Hier steht die Zweckmäßigkeit im Vordergrund und die Schönheit bleibt dabei meist auf der Strecke.

Alle Varianten des gewöhnlichen Skalars können miteinander verpaart werden.

In großen Haltungsaquarien gezüchtete Skalare werden vor dem Versand in Exportstationen gehalten.

lichen Aufzucht zur Fortpflanzung, wären diese fehlenden Gene – wir unterstellen es sind mehrere – vererbt. Bei weiterer künstlicher Aufzucht können diese Fische also zur Fortpflanzung kommen, was in der Natur völlig ausgeschlossen ist. Allein schon wegen dieser Möglichkeit sollte die künstliche Aufzucht unterbleiben. Der davon betroffene Aquarianer wird nicht begeistert sein, jedoch besteht eine Aussicht auf eine vernünftige Abhilfe. Bei einer Rückkreuzung eines domestizierten Tiers, das unvollständige Erbinformationen hat, mit einem Wildfang, ergänzen sich die Gene. Die genetische Regel besagt, dass ursprüngliche Eigenschaften über später erworbene dominant sind. Wir gehen davon aus, dass der Verlust des Brutpflegeverhaltens kein neues Gen ist, sondern der Verlust

Nur die schönsten Skalare sollten zur Weiterzucht verwendet werden. Die Kopfstudie dieses prächtigen Skalars zeigt deutlich, welche irisierenden Farben bei einem solchen Skalar gefunden werden können. Beachten Sie einmal die goldene Kopfpartie, das kräftig rot gefärbte Auge und die zarte bläuliche Färbung auf den Schuppen. Foto: M.-P. & C. Piednoir

eines einmal vorhanden gewesenen. Dann führt die Einkreuzung auf jeden Fall zu einer Ergänzung der Gene, da es beim Wildfang vorhanden ist und nicht unterdrückt werden kann. Selbst wenn man eine genetische Ergänzung oder Veränderung unterstellt, muss diese rezessiv sein und kann nicht über das Wildfangmerkmal dominieren.

Diese Überlegung kann nur bei den reinen Farbvarianten greifen. Der Mensch hat seit Jahrhunderten den Goldfisch verändert. Auch vom Skalar gibt es viele Varianten. Wer möchte schon seine mühsam erreichte Form des Schleierskalars, der in der Natur keine Überlebenschance hat, durch eine Wildfangrückkreuzung wieder zu natürlichem Brutpflegeverhalten züchten? Bisher hat meines Wissens kein Züchter seine Bemühungen auf die Erhaltung des artspezifischen Verhaltens ausgerichtet. Erstrebt werden neue Formen und wenn möglich Farben, wie beispielsweise der Schwarze Skalar oder der Goldskalar, weil man sich von derartigen Neuerungen auch finanzielle Vorteile verspricht. Derartige Eingriffe des Menschen in die Natur führen immer wieder zu lebhaften Diskussionen; durchgeführt werden sie trotzdem. Wer will den Goldfisch mit den Schleierschwänzen und den geschwulstähnlichen Ausbeulungen über den Augen verbieten? Die Natur behebt diese „Probleme" unerbittlich und unnachsichtig durch natürliche Auswahl. „Schönheit" zählt in der Natur nur, wenn sie ausschließlich zweckmäßig ist. Die Querbänderung des „normalen" Skalar finde ich schön, sie ist auch zweckmäßig, weil sie im Uferröhricht die Gestalt des Skalar auflöst, wie auf Fotografien aus den natürlichen Habitaten zu sehen ist.

Zu wünschen ist, dass auch in Zukunft eine große Gruppe von Aquarianern ihr Zuchtziel in der Fortsetzung des natürlichen Verhaltens und auch Erhaltung der Naturformen sieht.

Sollte der Aquarianer also leider über ein nicht pflegendes Paar verfügen, kann ihm nur geraten werden, einen Wildfang oder zumindest einen Fisch einer F_1-Generation einzukreuzen. Der Erbforscher (Genetiker) bezeichnet die Filialgenerationen (Tochtergeneration – obwohl es darunter auch Söhne gibt) mit F_1 und folgende (F_2, F_3 ...).

Die Jungfische eines pflegenden Paars sollte man mindestens vier bis sechs Wochen bei den Eltern lassen. Der Verhaltensforscher unterscheidet zwischen angeborenem und erworbenem Verhalten. Angeborene Verhaltensmuster sind erblich und zwar nur erblich und nicht erlernbar, weil sie, um wirksam zu werden, bei der Geburt bereits da sein müssen. Dies ist zum Beispiel die Reaktion der Jungfische auf die Warn- und Leitsignale der Eltern. Reagieren die Jungfische nicht sofort, unterliegen sie in der Natur der Auslese bei der ersten reellen Gefahr. Nach meinen Beobachtungen

HINWEIS: **Erlernte Verhaltensweisen müssen von jeder Generation von Anfang an neu erlernt werden.**

Skalare laichen an allen geeigneten Einrichtungsgegenständen im Aquarium ab. Große Blätter werden meist als Laichunterlage bevorzugt und deshalb sollten in einem Zuchtaquarium einzelne Pflanztöpfe mit großblättrigen Pflanzen angeboten werden.

pflegen Skalare besser, wenn sie selbst von den Eltern über den oben angegebenen Zeitraum gepflegt wurden. Als Erklärung kommt in Betracht, dass sich auch ein vererbtes Verhaltensmuster durch Erfahrung, auch passive, festigen kann. Ein Erinnerungsvermögen wird so genannten „nicht intelligenten" Lebewesen heute nicht mehr abgesprochen. Zur Vertiefung darf ich jedem Interessierten vom Mitbegründer der Verhaltensforschung, Konrad Lorenz, dessen Buch „Er sprach mit dem Vieh, den Vögeln und den Fischen" empfehlen.

In einem Aquarium 100 x 40 x 50 cm hatte ich einen Urgroßvater, neun Jahre

Schmalblättrige Wasserschrauben, *Vallisneria* spp., sind als Ablageplatz für Eier weniger geeignet. Will man in einem so bepflanzten Aquarium den Skalaren eine Laichunterlage anbieten, dann eignen sich zum Beispiel Wurzeln oder auch ein Blumentopf sowie eine senkrecht aufgestellte Schieferplatte. Foto: M.-P. & C. Piednoir

alt, ein verkrüppeltes Paar und ein gesundes Paar untergebracht. Im Aquarium befand sich ein riesiger Berg Javamoos. Das verkrüppelte Paar, bei beiden Fischen hatte sich im Alter von fünf Wochen eine Verformung des Körpers mit starker Einbuchtung der Brustpartie eingestellt, hat zweimal gelaicht, aber keine Jungen auch nur zum Schlupf gebracht. Da es sich meines Erachtens um einen erworbenen Mangel handelte – kein anderes Jungtier derselben Generation oder auch einer Folgegeneration hatte diesen Mangel –, wollte ich dies durch Nachzuchten beweisen, was jedoch scheiterte, da das Paar auch bei optimalen Bedingungen nicht zur Fortpflanzung gelangte.

Das gesunde Paar laichte mehrfach bei denselben Bedingungen. Weil ich eigentlich im Moment nicht züchten wollte, kümmerte ich mich nicht um das Paar und den Laich. Inzwischen war das Java-

moos so sehr gewachsen, dass fast das ganze Aquarium ausgefüllt war. Das Paar brachte einen großen Wurf bis zum Freischwimmen und hielt die Jungen immer in einer Aquarienecke zusammen. Der Standort wurde durchaus dauernd gewechselt, jedoch wurden die anderen Fische immer in die entgegengesetzt liegende Ecke getrieben. Die Jungfische standen immer sehr dicht bei den Eltern, trotzdem wurde ein kleiner Teil Beute der anderen Skalare. Aber erst nachdem die Jungen sich mehr und mehr von den Alten entfernten und schon fast 1,5 cm groß waren, wurde der überwiegende Teil von den übrigen Aquariuminsassen gefressen. Acht Fische blieben übrig, daraus haben sich drei Paare gebildet, die alle hervorragend pflegen.

Wie züchte ich Skalare?

Über die Wasserwerte in der Heimat des Skalars ist bereits gesprochen worden. Ich möchte hier für den Anfänger einige Wasserparameter (Vergleich der verschiedenen Wasserinhaltsstoffe) behandeln, deren Eckwerte für eine erfolgreiche Zucht unbedingt einzuhalten sind und auch die Parameter erwähnen, die nicht so penibel eingehalten werden müssen.

Es folgen einige – so hoffe ich – praktische Ratschläge, deren Nachahmung bisher zum Erfolg geführt hat und die nach aller Wahrscheinlichkeit auch bei anderen Aquarianern zum Erfolg führen werden.

Die Filterung kann über einen kleinen, luftbetriebenen Innenfilter erfolgen. Die Temperatur sollte 27 °C oder mehr betragen, maximal 32 °C. Durch eine höhere Temperatur wird auch die Bakterien- und Mikroorganismendichte höher, so dass die Gefahr der Laichverpilzung größer wird.

Das Wasser sollte eine Karbonathärte von weniger als 1 °KH und einen pH-Wert von 5,5 bis 6,8 haben. Nitrit sollte nicht nachweisbar sein, Phosphat maximal 0,5 mg/l betragen und der Nitratgehalt sollte unter 10 mg/l liegen. Die Sulfathärte spielt meines Erachtens kaum eine Rolle, jedoch sollte die elektrische Leitfähigkeit bei einer KH von weniger als 1 nicht über 90 µS/cm liegen. Die im Zoohandel erhältlichen Reagenzien können Karbonathärte unter 1 °dH nicht nachweisen. Wer züchten will, sollte sich die entsprechenden Reagenzien im Fachhandel besorgen.

Eine Filterung über Torf ist sinnvoll, um die Bakteriendichte niedrig zu halten und das Wasser mit Huminstoffen anzureichern.

Torf ist ein gutes Filtermaterial, welches die Wasserhärte und den pH-Wert etwas absenkt. Gartentorf könnte Düngerzusätze enthalten, deshalb sollten Sie speziellen Aquarientorf verwenden. Foto: Dr. J. Schmidt

Ein indirekter Wasserwechsel mit Schaltuhr, die nach festgestellten Erfahrungswerten den Wasserwechsel in Abwesenheit ermöglicht. Die Verwendung von Austauscherharzen ist bei der Regenerierung etwas aufwändig. Foto: S. Brall

ACHTUNG: **Bereits ganz geringe Mengen Torf reichen aus, um das Wasser anzusäuern.**

Der pH-Wert darf nicht unter 5 sinken, jedenfalls bei Nachzuchten. Bei 1 °KH und unbelastetem Wasser stellt sich ein pH-Wert von 7 bis 7,4 ein. Bereits mit einer Handvoll Torf kann bei diesem Wasser der pH-Wert auf 6 gesenkt werden. Von einer Absenkung des pH-Werts unter 5 rate ich ab, weil nur durch dauernde Messung des Ammoniumgehalts festzustellen ist, ob die Absenkung noch auf den Huminsäuren des Torfs beruht oder auf dem Anstieg von Stoffwechselendprodukten, wodurch Salpetersäure entstehen kann, die den pH-Wert ebenfalls senkt. Die Salpetersäure wird von den Fischen nicht vertragen und muss durch Carbonat gepuffert werden, das bei einem pH-Wert unter 5 nicht mehr vorhanden sein kann.

Der Torf sollte vor seiner Verwendung überprüft werden. Dazu nimmt man eine Torfmenge von 50 ml (etwa eine Handvoll) und weicht diesen über Nacht in 100 ml destilliertem Wasser ein. Am nächsten Morgen sollte der pH-Wert zwischen 3 und 4 liegen. Auch bei Belüftung der Probe darf sich der pH-Wert nicht wesentlich verändern. Die Struktur des Torfs muss krümelig sein, und keineswegs darf die natürliche Moorstruktur erkennbar sein oder eine grobfaserige und filzige Qualität vorliegen. Bei Belüftung der Probe muss der pH-Wert wenigstens unter 5 bleiben. Steigt der pH-Wert weiter an, enthält der Torf flüchtige organische Säuren und ist damit untauglich. Trotz einer gewissen Belastung des Torfs, der heute meist unter landwirtschaftlichen Flächen abgebaut wird, deren Humusboden zu diesem Zweck vorübergehend zur Seite geräumt wird, kann man mit Torf eine Absenkung der Karbonathärte und

Ansäuerung des Wassers erreichen, ohne zu viele unerwünschte Stoffe einzubringen. Außerdem hat Torf eine fungizide (pilztötende) Wirkung. Bei extrem weichem Wasser ist bei einer wiederholten Torffilterung Vorsicht geboten, da der pH-Wert unter den verträglichen Wert von 4,5 absinken kann. Angebo-tene Torfextrakte säuern das Wasser an, haben meines Erachtens aber nicht die Wirkung der Keimverminderung und können natürlich auch keine Karbonathärte aufnehmen. Bei der Verminderung der Keimzahlen steht noch nicht fest, ob die gelösten Huminsubstanzen diese gute Wirkung haben, oder ob ein Teil der Bakterien durch die Torfmasse adsorptiv abgefangen und damit aus dem Wasser entfernt wird. Bei handelsüblichen Torfextrakten habe ich festgestellt, dass diese vor allem eine sehr starke Einfärbung des Wassers bewirken, und zwar ist diese deutlich stärker als die Einfärbung des Wassers durch Torffilterung. Ich verwende krümeligen Hochmoorschwarztorf, der unter dieser Bezeichnung für gärtnerischen Bedarf und für das Umtopfen von Pflanzen verkauft wird. Eine Probe dieses Torfs hat nur einen minimalen Ammoniumanstieg auf 0,05 mg/l NH_4 ergeben, der Nitratanstieg belief sich auf 1 mg/l. Phosphat, gemessen mit Merck AMRF 14661, war nicht nachweisbar.

In den meisten Gegenden Deutschlands muss das Wasser aufbereitet werden, wenn der Aquarianer nicht in der glücklichen Lage ist, in seiner Nähe eine Quelle zu haben, die geeignetes Wasser liefert. Aus der Leitung dürften solche Wasserwerte nicht zu erhalten sein, da der niedrige pH-Wert und die niedrige Karbonathärte das Leitungsnetz angreifen. Die Wasserwerke härten das Wasser gegebenenfalls sogar auf.

Es bleiben dann nur die beiden Möglichkeiten der Aufbereitung durch Umkehrosmose und durch Ionentauscher als Vollentsalzer. Bei der Umkehrosmose entsteht viel Abfallwasser, beim Ionenaustausch muss mit gefährlichen Chemikalien – 10 %iger Salzsäure und 10 %iger Natronlauge – hantiert werden. Die verbrauchten Chemikalien müssen aufgefangen und neutralisiert werden. Schüttet man (Schutzbrille tragen!) die durch den Ionentauscher gelaufene Natronlauge in die verbrauchte Salzsäure, so ist schon die Hälfte gewonnen. Ein geringer Zusatz von Kaisers Natron (kohlensaures Natron) reicht aus, um die Lösung so zu neutralisieren, dass das pH-Wert über 5,5 liegt und die verbrauchten Chemikalien über die Toilette entsorgt werden können. Sicherheitshalber sollte mit dem zuständigen Amt für Abfallwasser der Gemeinde Rücksprache genommen werden. Es gibt heute bei den Gemeinden auch Annahmestellen für gefährlichen Restmüll.

Eine Vollentsalzungsanlage besteht aus zwei Ionenaustauschern, einem Kationenaustauscher und einem Anionenaustauscher, die hintereinander geschaltet werden. Der Kationenaustauscher tauscht sämtlich Kationen gegen H^+-Ionen aus und wandelt sie in die entsprechenden Säuren um:

Calciumhydrogencarbonat	**ergibt**	**Kohlensäure**
Magnesiumcarbonat	**ergibt**	**Kohlensäure**
Calciumsulfat	**ergibt**	**Schwefelsäure**
Natriumchlorid	**ergibt**	**Salzsäure**
Calciumnitrat	**ergibt**	**Salpetersäure**

Abgekürzt kann man sagen:
Alle Sulfate ergeben durch H-Austausch Schwefelsäure
Alle Chloride ergeben durch H-Austausch Salzsäure
Alle Carbonate ergeben durch H-Austausch Kohlensäure
Alle Bicarbonate ergeben durch H-Austausch Kohlensäure
Alle Nitrate ergeben durch H-Austausch Salpetersäure

Der Anionenaustauscher tauscht sämtliche Anionen gegen OH-Ionen aus:

Kohlensäure	H_2CO_3	**ergibt** H_2O,	**Wasser**
Schwefelsäure	H_2SO_4	**ergibt** H_2O,	**Wasser**
Salpetersäure	HNO_3	**ergibt** H_2O,	**Wasser**
Salzsäure	HCl	**ergibt** H_2O,	**Wasser**

Die Umwandlung von gelöstem Kohlendioxid ist aquaristisch unsinnig, da dieses durch einfache Belüftung ausgetrieben werden kann. Der Einsatz eines schwachbasischen oder mittelbasischen Anionenaustauschers ist daher anzuraten. Diese benötigen weniger Chemikalien zur Regenerierung und sind weniger störanfällig. Krause hat die Verfahren einschließlich des Regenerierens ausführlich in seinem „Handbuch Aquariumwasser“ beschrieben.

Ein kleiner zusätzlicher Ratschlag zur Einsparung des Spülwassers sei erlaubt. Nach dem Regenerieren müssen die Säure und die Lauge aus den Austauschersäulen entfernt werden. Dabei lässt sich Wasser sparen, wenn man die Säulen zunächst über dem Auffangbehälter entleert. Vorher sollten die Säulen mit der letzten Regenerierflüssigkeit über Nacht stehen gelassen werden. Der Ionenaustausch ist auch eine Zeitfrage. Dann wird zuerst der Kationentauscher mit Leitungswasser rückgespült, jeweils bis die Füllung ganz nach oben gestiegen ist. Danach sollten noch 2 bis 3 l Wasser ablaufen – je nach Größe des Tauschers. Der Anionentauscher wird anschließend mit Wasser aus dem normal angeschlossenen Kationenaustauscher rückgespült. Die Harze brauchen ihre Zeit, um sich wieder zu setzen. Durch leichtes Schütteln der Säule kann nachgeholfen wer-

den. Dieser Vorgang muss mit dem Anionenaustauscher mehrfach wiederholt werden. Längere Pausen zwischen den einzelnen Rückspülungen sparen Wasser. Fühlt der Ablauf sich nicht mehr seifig an, ist der Anionentauscher normal an den Kationentauscher anzuschließen. Es muss dann sehr langsam mit 10 bis 20 l/h weitergespült werden bis der Ablauf unter 40 µS/cm liegt. Hier ist ein Leitfähigkeitsmesser erforderlich. Liegt der Ablauf unter 40 µS/cm ist ausgeschlossen, dass sich noch Chemikalien in den Tauschern befinden. Die Leitfähigkeit sinkt kurzfristig von 40 auf 15 µS/cm. Diese Methode ist vor allem einzuhalten, wenn die Austauscher direkt am Aquarium (siehe unten) eingesetzt werden. In diesem Fall sind Indikatorharze von Vorteil, da es ratsam ist, den Austauscher für den direkten Einsatz nicht mehr zu gebrauchen, wenn er zu $^3/_4$ verbraucht ist.

Wer keine Erfahrung mit dem Regene-

Skalare verschiedener Farbformen im gezielt für die Segelflosser eingerichteten Gesellschaftsaquarium. Foto: Dr. J. Schmidt

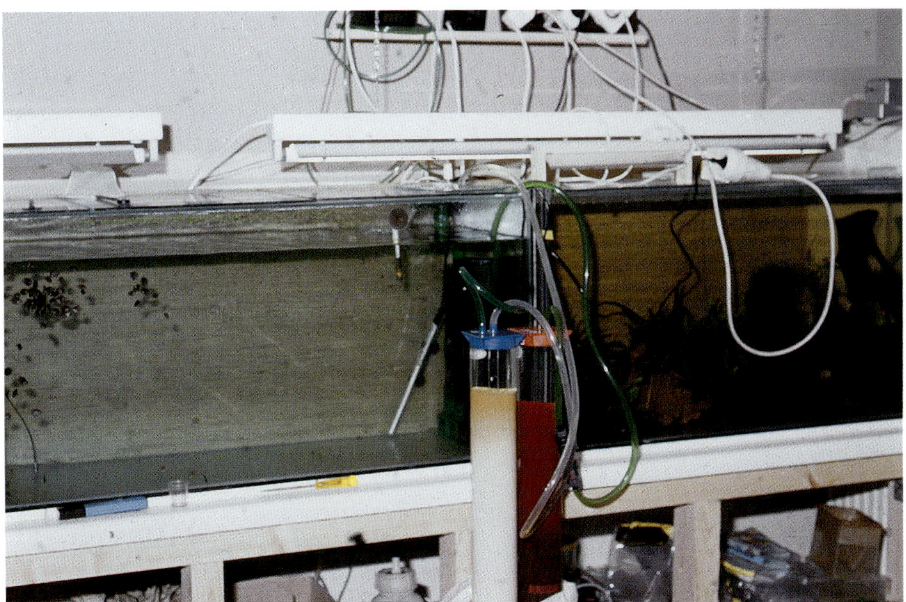

Ausschnitt des Zuchtkellers des Autors, links im Bild junge Diskusfische, rechts ein eingerichtetes Aquarium. Bei den Diskus wird gerade ein indirekter Wasserwechsel über Ionenaustauscher vorgenommen. Trotz heftiger Kritik der Familie wagt es der Autor ein Foto seiner „Rumpelkammer“ zu veröffentlichen. Foto: S. Brall

Dieses Weibchen der Goldskalar-Zuchtform zeigt bereits einen deutlichen Laichansatz in Form des dicken Bauchs.
2 Fotos: M.-P. & C. Piednoir

rieren hat oder dies scheut, kann im Fachhandel Mischbettharze erwerben, die zurückgenommen und vom Hersteller regeneriert werden. Bei der Rückgabe des verbrauchten Materials wird ein Teil des Kaufpreises angerechnet. Im Grunde wird bei Rückgabe und Neukauf nur der Preis für das Regenerieren berechnet.

Eine elegante Methode der Wasseraufbereitung, die bereits von Hückstedt (1978) angesprochen wurde, ist der indirekte Wasserwechsel. Dieser erfolgt über den Einsatz eines Vollentsalzers direkt am Aquarium. Der indirekte Wasserwechsel wird vorgenommen, indem die Austauscherkolonne hinter einen Vorfilter geschaltet, und das Wasser nach dem Filter über die Austauscher und danach zurück in das Aquarium geleitet wird. Heute werden im Regelfall sehr starke Filterpumpen verwendet, so dass es ratsam ist, einen Teil des Wassers nach dem Filter über einen Bypass wieder direkt dem Aquarium zuzuleiten. Über die Austauscher sollten je nach Größe höchstens 20 bis 30 l/h geleitet werden. Bei schnellerem Durchlauf besteht die Gefahr, dass im Anionenaustauscher nicht alle Säuren entfernt werden. Der Ablauf sollte auf jeden Fall mit einem pH-Wert-Messgerät und einem Leitfähigkeitsmesser überprüft werden. Die elektrische Leitfähigkeit im Ablauf sollte weniger als 15 µS/cm betragen und der pH-Wert darf nicht unter 4 liegen. Das Aquarienwasser wird damit ständig mit destilliertem Wasser verdünnt. Nach Reiß (1984) kann dieser Wasserwechsel so lange durchgeführt werden, bis die Leitfähigkeit des Aquarienwassers auf die Hälfte des ursprüglichen Werts abgesunken ist. Dieser Vorgang zieht sich bei langsamer Filterung über Stunden hin und wird von Fischen und Pflanzen nicht nachteilig wahrgenommen. Meine Fische sind nach einem derartigen Wasserwechsel ebenso munter, wie nach einem „richtigen“ Wasserwechsel. Mit dieser Methode kann abgesaugtes Aquarienwasser auch wieder verwendbar gemacht werden. Wenn sich der abge-

saugte Mulm gesetzt hat, wird das Wasser über einen Filter und die Austauscher geleitet. Dies ist insbesondere sinnvoll, wenn das Aquarienwasser eine erheblich geringere Härte aufweist als das Leitungswasser. Mein Leitungswasser hat eine Gesamthärte von 18 °dH. In meinen Aquarien liegt die Gesamthärte zwischen 2 und 4 °dH. Wegen des hohen Nitratgehalts unseres Leitungswassers, 46 mg/l, erscheint es unsinnig, das aufbereitete Wasser mit dem nitrathaltigen Leitungswasser zu verschneiden. Es hat daher eine Aufkalkung zu erfolgen. Ich habe lange Zeit Versuche mit eigenen Mischungen und fast allen im Handel erhältlichen Produkten gemacht. Danach erscheint mir trotz aller Nachteile ein Frischwasserzusatz unumgänglich zu sein. Je nach Härte und Nitratgehalt sollte der Frischwasserzusatz zwischen 5 und 10 % der Gesamtwassermenge liegen.

Die Laichbereitschaft steigt erheblich gegenüber der Verwendung von Kunstprodukten und die Fische zeigen nach dem Wasserwechsel lebhaftere Farben und ein deutlich verbessertes Allgemeinbefinden. Offensichtlich sind im natürlichen Wasser weitere, kaum nachweisbare Stoffe enthalten, die für die Fische schon in ganz geringen Mengen von großer Wichtigkeit sind. Auch mit im Handel erhältlichen Spurenelementen lässt sich die Wirkung natürlichen Wassers nicht reproduzieren. Der geringe Anstieg des Nitrats von 5 bis 10 mg/l kann nach meiner Erfahrung dagegen vernachlässigt werden.

Das Leitungswasser muss – nach inzwischen überwiegender Auffassung – vor der Verwendung über Kohle gefiltert werden. Dazu gibt es zahlreiche Methoden. Spezielle Kohlefilter gibt es im Fachhandel. Sie werden direkt an die Wasserleitung angeschlossen. Die Kohlepatrone ist aus gemahlener Kohle mit einem physiologisch einwandfreien Binder hergestellt. Danach soll ein „Durchbruch" der Kohle ausgeschlossen sein. Ein Durchbruch bedeutet, dass die Kapazität der Kohle erschöpft ist und die Schadstoffe durchgelassen werden.

Eine eventuell erforderliche, weitere Aufhärtung kann dann künstlich erfolgen. Diese nehme ich mit Calciumsulfat, also Gips vor. 30 mg Calciumsulfat, $CaSO_4$, pro l Wasser ergibt einen Härtegrad. Wie bei dem Osmosewasser werden Spurenelemente hinzugegeben und vielleicht Natriumionen in Form von Kochsalz. Natriumchlorid, NaCl (Kochsalz), lasse ich meist weg, da der Chloridgehalt durch die Fütterung ohnehin angehoben wird. Vor allem im Trockenfutter ist Chlorid enthalten. Günstiger als die reine Zufuhr von Natriumchlorid ist der Zusatz von Meersalz. Eine Lösung von 20 g Meersalz auf 1 l Wasser ergibt bei Zugabe von 1 ml dieser Lösung auf 10 l Aquarienwasser einen Chloridgehalt von 2 mg/l. Außerdem sind in den handelsüblichen Meersalzen für die Aquaristik sehr viele Spurenelemente enthalten, so dass die Zugabe weiterer Spurenelemente entfallen kann. Der pH-Wert kann mit Natriumhydrogencarbonat

Ein sein Gelege pflegender Skalar. Einige der Eier sind weiß, diese entwickeln sich nicht. Foto: M.-P. & C. Piednoir

Ein noch junger, aber bereits geschlechtsreifer Goldskalar. Foto: Dr. J. Schmdt

gepuffert werden, falls der pH-Wert unter 4 sinkt. Meist steigt der pH-Wert durch das Entweichen des Kohlendioxids wieder auf über 5.

Hanns-Joachim Krause rät von einem indirekten Wasserwechsel ab, da im Aquarienwasser viele Schadstoffe als ladungsfreie Moleküle existieren. Außerdem enthalte das Wasser viele – vor allem organische – Säuren und Basen, die sich im Ionenaustauscher derart fest binden, dass diese beim Regenerieren nicht mehr entfernt werden könnten.

Ein Molekül ist ein aus Atomen zusammengefügtes, elektrisch neutrales, kleinstmögliches Teilchen der Verbin-

dungen oder der elementaren unter Normalbedingungen stehenden Gase. Von den kleinen, leichten Wasserstoffmolekülen mit dem Molekulargewicht zwei bis hinauf zu den Makromolekülen, zum Beispiel Eiweiß, gibt es alle Übergänge. Auch durch einen „normalen“ Wasserwechsel können molekulare Schadstoffe nur prozentual zum gewechselten Teil entfernt werden. Einige Moleküle bleiben durch Adsorption im Filtermaterial oder Ionenaustauscher hängen und werden beim Rückspülen entfernt. Manfred Reiß praktiziert seit vielen Jahren selbst den „indirekten“ Wasserwechsel. Er hat mir mitgeteilt, dass er noch keine nachteiligen Veränderungen bei den Ionenaustauschern bemerkt hat.
Mit dieser „online“-Methode können die gewünschten Wasserwerte in zwei Etappen hergestellt werden, je nach Härte des Ausgangswassers.
In etlichen Fällen konnte ich nach dem Umsetzen oder dem indirekten Wasserwechsel beobachten, dass die Fische zwar innerhalb der nächsten zwei Tage laichten, der Laich jedoch nicht an der Unterlage klebte. Sobald das Männchen über die Eier rutschte, fielen diese herunter. Die zuerst vom Weibchen gelegten Eier fielen auch zum Teil herunter und ein wahrer Eierregen entstand, wenn das Weibchen zwischendurch den Laich befächelte. Ich führe dies darauf zurück, dass die Eier bereits in den Ovarien in einem Wasser von etwas geänderter Zusammensetzung in meinem Gesellschaftsaquarium gereift waren, und die Umstellung – trotz der identischen Leitfähigkeit – nicht mitgemacht haben. Genauere Untersuchungen über die Veränderungen der Hafteigenschaften des Laichs bei Offenbrütern sind mir nicht bekannt.
Bei stark unterschiedlichem Wasser geht die erste Brut mit Sicherheit verloren, es kommt noch nicht einmal zum Schlupf der Jungen. Das Paar laicht aber regelmäßig wenige Tage später erneut. Oft braucht ein neues Paar drei bis vier Versuche, bis ein erstes Gelege groß genug ist und eine ausreichende Zahl der Jungen zum Freischwimmen kommt. Ich vermute, dass das Paar noch nicht aufeinander eingespielt und ein großer Teil des Geleges nicht befruchtet ist. Die Eier werden dann weiß und der Aquarianer spricht von „Verpilzen“. In Wirklichkeit liegt nur ein Gerinnen des Eiweißes vor.

Diskusfische sind nicht gut zur Vergesellschaftung mit Skalaren geeignet, weil die Skalare den bedächtiger fressenden Diskus die Nahrung wegschnappen. Foto: H. Custers

Das Männchen hat nach der Eiablage nur maximal 2 Minuten Zeit, um die Eier zu befruchten, ansonsten schließt sich die Eipforte und es kann kein Samen mehr eindringen. Das Männchen muss also sofort nach der Eiablage befruchten, es muss dabei die richtige, also letzte Reihe der soeben abgelegten Eier erwischen und der Samen darf nicht durch zu starke Strömung weggeschwemmt werden. Beobachtet der Aquarianer zufällig das Laichen, das meist während der späten Nachmittagsstunden erfolgt, dann sollte er den Filter für eine Stunde abschalten. Das Wieder-Anschalten darf keinesfalls vergessen werden!

Wenn die Eltern ein Gelege betreuen, das sehr klein ist, so lässt die Brutpflegemotivation rasch nach. Ich habe beobachtet, wenn etwa acht bis zehn Eier verblieben, dass das Weibchen diese noch einen Tag pflegte, das Männchen hatte bereits aufgegeben, und der Laich war einen Tag später verschwunden. Der Instinkt „sagt" den Fischen, dass diese Anzahl von Jungen nicht ausreicht, um bei vorhandenen Fressfeinden eine ausreichende Zahl durchzubringen, um die eigenen Gene weiterzugeben. Das Paar nutzt dann besser die Laichzeit für einen neuen Versuch. Das Futterangebot ist in dieser Zeit für die Jungfische groß, so dass auch ein großes Gelege durchgebracht werden kann. Während der Brutpflege laichen die Paare in der Regel nicht, Ausnahmen – siehe oben – bestätigen die Regel. Wobei ich eine derartige Ausnahme nur ein einziges Mal beobachten konnte. Von einem Jungfischschwarm von 400 bis 600 Jungfischen können die Eltern in der Natur vielleicht die Hälfte durchbringen. Wieviel davon wieder zur Fortpflanzung gelangen, ist unbekannt. Im Gesellschaftsquarium gelingt es bei dichter Beflanzung von einem derartigen Schwarm zehn bis 15 Jungfische durchzubringen. Diese sind dann über das Stadium des Gefressenwerdens hinaus, wenn sie nicht mit dem Piranha, *Pygocentrus nattereri*, oder noch größeren Buntbarschen vergesellschaftet werden, die in der Natur auch ihre Beute machen.

Der Vorteil derartig aufgezogener Jungfische liegt in der natürlichen Auslese. Es überleben nur die Jungen, die auf die Warnsignale der Eltern so reagieren, wie alle Eltern sich dies von ihren Kindern wünschen: freudig, sofort und genau!

Gemischte Paare unterschiedlicher Farbformen sollten nach Möglichkeit nicht zur Zucht angesetzt werden, weil die Jungfische dann oft recht unschön wirken.

Ein junger *P. altum*-Segelflosser im schön bepflanzten Aquarium.

Wie ziehe ich meine Skalare groß?
An den ersten beiden Tagen ist es selbst bei Nachzuchttieren unumgänglich, den Jungfischen Lebendfutter zur Verfügung zu stellen. Ich empfehle den Ansatz von Infusorien, entweder auf dem Balkon oder im Garten. Man nimmt Aquarienwasser – bitte keinesfalls frisches Leitungswasser verwenden –, gibt eine Handvoll Stroh hinein und etwa 30 bis 50 cm^3 Kompost. Wenn nach drei Tagen der Ansatz mit einem einfachen Mikroskop untersucht wird, befinden sich zahlreiche Räder- und Pantoffeltierchen darin. Der Ansatz muss bereits erfolgen, wenn die Skalare laichen.
Es gibt auch einen käuflichen Infusorienansatz „Protogen-Granulat". Dieser ist nicht ganz so geruchsintensiv. Auf jeden Fall empfiehlt es sich, auch das Protogen-Granulat zwei Tage vor dem Freischwimmen anzusetzen oder einen Tag vor dem Freischwimmen der Jungfische nach Gebrauchsanleitung das Protogen direkt in das Zuchtaquarium zu geben.
Noch besser haben sich bei der Aufzucht Mikrowürmchen bewährt, die nach dem oben angeführten Zuchtrezept mindestens fünf Tage vor dem Freischwimmen anzusetzen sind. Diese können den Jungfischen noch lange Zeit zusätzlich gereicht werden, auch wenn diese schon Futtertabletten fressen.
Daneben kann man in der ersten Zeit *Artemia salina* ansetzen und abwechselnd mit den Mikrowürmchen verfüttern.
Die reine Fütterung von *Artemia* ist inzwischen wegen des Salzgehalts der Salinenkrebse umstritten. Es werden Schäden an den inneren Organen bei Diskusfischen diskutiert.

Damit Skalare prächtige und hohe Flossen entwickeln, müssen alle Zuchtformen in ausreichend hohen Aquarien gepflegt werden.

Diese Zuchtform besitzt im hinteren Körperteil eine deutlich dunklere Färbung und über die Flossen ist ein feines schwarzes Farbnetz gespannt. Dieser Skalar ist optimal aufgewachsen, was sicherlich an einer guten Pflege liegt. Foto: M.-P. & C. Piednoir

Bereits am ersten Tag des Freischwimmens der jungen Skalare setze ich *Artemia salina* an. Dazu habe ich ein Gerät gekauft, das in ein Aquarium gehängt wird und von unten Luft zugeführt bekommt. Da das Gerät trichterförmig angelegt ist, bleibt der gesamte Ansatz in Bewegung. In das Wasser des *Artemia*-Brutgeräts gebe ich einen leicht gehäuften Teelöffel Kochsalz. Der Ansatz hat zweckmäßigerweise so zu erfolgen, dass noch mindestens vier Stunden die Beleuchtung an ist. Die Temperatur von 27 °C im Zuchtaquarium bringt bereits Schlupfergebnisse am nächsten Morgen, wenn der Ansatz spätestens mittags vorgenommen wird. Vorsicht ist jedoch beim Verfüttern

Bei dieser Zuchtform sind die Flossen im Verhältnis zur Körpergröße extrem groß ausgebildet. Gerade südostasiatische Züchter bemühen sich um stark ausgezogene Flossenvarianten.
Foto: M.-P. & C. Piednoir

frisch geschlüpfter Artemien geboten! Zunächst werden nur wenige Artemien ins Aquarium gegeben, um festzustellen, ob die Jungfische diese überhaupt bewältigen können. Ist dies noch nicht der Fall, dann sind die Artemien nicht verloren, sondern man schüttet den Ansatz in ein Plexiglasgefäß oder auch in ein kleines Aquarium. Das Wasser für die weitere Hälterung der Salinenkrebse muss etwas salzhaltiger sein und frisch hergestellt werden. Weiterhin gebe ich in dieses Wasser ein flüssiges Präparat namens „Liquizell" zur Aufzucht von Artemien. Am dritten Tag des Freischwimmens fressen die jungen Skalare auf jeden Fall frisch geschlüpfte Artemien. Werden die Artemien anfangs noch nicht gefressen, können auf jeden Fall die Mikrowürmchen verfüttert werden, da diese kleiner sind, sich acht bis zehn Stunden im Wasser lebend halten und sich nicht an die Kiemen der Jungfische klammern, wie dies von Artemien berichtet wird. Meines Erachtens ist die Gefahr viel größer, dass die Jungfische an den zu großen Brocken im Maul ersticken.

Tipp Die Jungskalare müssen mindestens dreimal täglich gefüttert werden – je öfter desto besser.

Wie erhalte ich die Wasserqualität?

Die oben beschriebene reichhaltige und häufige Fütterung bringt eine erhebliche Belastung des Wassers mit sich. Dem kann durch häufigen Wasserwechsel entgegen gewirkt werden. Ein täglicher Wasserwechsel von 10 % des Aquariuminhalts ist nicht zu viel. Dabei kann durchaus Leitungswasser Verwendung finden und so bei jedem Wasserwechsel eine leichte Aufhärtung erfolgen. Die Jungfische wachsen in dem harten Wasser besser und der pH-Wert, der in Weichwasser bei dieser starken Fütterung fallen würde, bleibt stabil.

Alle meine Versuche mit Nitratfiltern sehe ich als gescheitert an. Der Gehalt an einwertigen Ionen steigt durch den Dauereinsatz sehr stark an. Nitrit, Nitrat, aber auch alle Sulfate und Phosphat werden zu Chlorid getauscht. Krause hat die Arbeitsweise des Ionenaustauschers Lewatit M 600 ausführlich dargestellt und darauf hingewiesen, dass lediglich ein Austausch der Massen stattfindet. Es wird soviel Chlorid abgegeben, wie es der Wertigkeit der aufgenommenen Ionen entspricht:

1 g Nitrat	**=**	**0,57 g Chlorid**
1 g Sulfat	**=**	**0,74 g Chlorid**
1 g Phosphat	**=**	**1,12 g Chlorid**

Ist es nicht eine Pracht, diese Gruppe majestätischer Skalare in einem bepflanzten Aquarium zu betrachten?

Dem Züchter A. Siegrist ist es gelungen, erfolgreich Altum-Skalare nachzuzüchten. Hier befruchtet das Männchen gerade die abgesetzten Eier. Foto: A. Siegrist

Dadurch wird das Ionenverhältnis des Wassers erheblich zugunsten der einwertigen Ionen verschoben, da auch das zweiwertige Sulfat in einwertiges Chlorid getauscht wird. Das Verhältnis der einwertigen zu den zweiwertigen Ionen sollte aber gleich sein, allenfalls dürfen die zweiwertigen Ionen überwiegen. Diese Faustregel hat bereits Hückstedt angegeben.

Derartige Nitratfilter führen bei Pflanzen in die Katastrophe, da diese die Ionenverschiebung noch schlechter vertragen als die Fische. Allenfalls könnte also ein vorübergehender Einsatz von M 600 oder anderen Nitratfiltern in reinen Aufzuchtaquarien in Betracht kommen.

Ein meines Erachtens sinnvoller Einsatz von Lewatit M 600 kann nur so erfolgen, dass zunächst eine größere Menge Wasser abgelassen wird, und nur das Restwasser im Aquarium mit Lewatit M 600 behandelt wird. In diesem Fall wird das Wasser eine Stunde über den Ionenaustauscher gefiltert. Bei Aquarien bis 200 l beträgt der Nitratgehalt dann meist 0 (chemisch besser gesagt: nn = nicht nachweisbar). Bezüglich des Nachweises kommt es nämlich darauf an, welches Reagenz eingesetzt wird, das ein festgelegtes Anzeigespektrum hat. Dann wird das Aquarium mit Leitungswasser aufgefüllt und der nächste Wasserwechsel durchgeführt, wenn der Nitratgehalt auf 20 bis 25 mg/l angestiegen ist. Bei einem Dauereinsatz von Levatit M 600 darf nicht sorglos verfahren und es muss gemessen werden. Auf reine Berechnungen ist kein Verlass. Ein Liter Lewatit M 600 nimmt bis zu 30 g Nitrat auf. Zugleich nimmt er allerdings auch Hydrogencarbonat und Sulfat auf. Es hängt also stark von der Wasserzusammensetzung ab, wann der Austauscher vollständig beladen ist.

Bei 60 %iger Beladung gibt der Tauscher Hydrogencarbonat wieder ab. Gegen Ende der Beladung verläuft der Vorgang umgekehrt und es wird Nitrat abgegeben. Dies ist auch einleuchtend. Das Wasser ist jetzt stark chloridhaltig, so dass der Tauscher in der Menge Nitrat abgibt, in der er Chlorid aufnimmt. Der Ionenaustauscher bleibt seinem Grundsatz treu, streng quantitativ Ionen auszutauschen.

Sobald das Männchen zur Seite schwimmt, beginnt das Weibchen mit dem Ablegen einer weiteren Eikette. Dieses Paar harmoniert besonders gut. Foto: A. Siegrist

Wie züchte ich Altum-Skalare?

Die Zucht des Pterophyllum altum ist lange Zeit versucht worden, aber nicht gelungen. A. Siegrist aus Liechtenstein hat als erster über seine gelungene Zucht berichtet. Allerdings hat er den Laich sofort nach dem Laichen von den Eltern getrennt. Bei seinem ersten Versuch überlebten von circa 1000 Eiern nur 100 Larven. Bereits der zweite Versuch brachte 400 Junge, aber der Laich wurde den Eltern ebenfalls sofort weggenommen. Die Wasserwerte und eventuelle Besonderheiten, die das Laichen auslösten, hat Siegrist bisher leider geheim gehalten.

Dagegen hat uns Sven Fornbäck aus Schweden (1994) ausführlich über die Umstände seiner gelungenen Zucht unterrichtet.

Sven Fornbäck besuchte von Februar bis März 1991 die Heimat des Altum, den Rio Inirida und den Rio Atabapo, der die Grenze zwischen Kolumbien und Venezuela bildet.

Die Wasserwerte der Standorte des Altum sind:

pH-Wert 4,8; Leitwert 15 µS/cm; Härte 0 °dGH; 0 °dKH; Nitrit 0 mg/l; Temperatur 30-32 °C.

Die Wasserwerte wurden im oben angegebenen Zeitraum, also außerhalb der Regenzeit gemessen. Aus anderen Reiseberichten wissen wir, dass mit der Regenzeit eine leichte Abkühlung auf bis zu 27 °C erfolgt. Eine weitere „Verdünnung“ des Wassers ist kaum möglich, da es sich nach Sioli ohnehin um nur „leicht verunreinigtes destilliertes Wasser“ handelt.

Die Zucht zu Hause erworbener Fische gelang Sven Fornbäck nach der „Diskus-Methode“. Das Aquariumwasser wurde über einen längeren Zeitraum ab März mit vollentsalztem Wasser von 10 µS/cm eingeweicht und über Torf gefiltert. Im Mai hatte das Wasser im Aquarium eine elektrische Leitfähigkeit von 30 µS/cm. Die Einrichtung bestand aus Wurzeln, ein Bodengrund wurde nicht eingebracht. Andere Altum waren wegen ständiger Revierstreitigkeiten entfernt worden. Im Aquarium befand sich nur

Zuchtform mit eigenwilligem Farbmuster aus Südostasien.

noch das Paar, das sich aus einer Gruppe von fünf Altum gefunden, ein Revier besetzt hatte und auch die Wurzel putzte. Da das Paar nicht laichte, wurde eine Pflanze als Laichsubstrat, eine *Spathiphyllum,* in der Nähe der Wurzel eingebracht. Das Paar putzte sofort die Pflanzenblätter. Als „Feindfische“ wurde ein laichreifes Diskuspaar zugesetzt, das auch laichte. Bei einem Umbetten der Diskuslarven wurden diese von den Skalaren gefressen. Das Diskuspaar wurde nach diesem „Schicksalsschlag“ wieder umgesetzt. Es war Pfingsten 1993. Am Dienstag nach Pfingsten, dem 1.6.93 laichte das Altumpaar allerdings auf der Wurzel. Das Gelege wurde ab 18.00 Uhr bis 23.00 Uhr abgesetzt und umfasste etwa 600 Eier. Sven Fornbäck überließ die Pflege des Geleges den

Pterophyllum altum mit allen Unterscheidungsmerkmalen. Deutlich zu sehen sind hier: die Einbuchtung der Stirnpartie direkt über dem Auge, die roten und blauen Punkte im oberen Rückenbereich unterhalb der Dorsalis. Foto: S. Brall

Bei Aquarienshows werden in Südostasien und in Tschechien auch gerne besondere Skalare wie diese schwarzen Skalare ausgestellt.

Eltern. Von den Eiern verpilzten lediglich ein Drittel. Die defekten Eier wurden von den Eltern entfernt. Nach sechzig Stunden schlüpften die Larven bei 30 °C. Nach weiteren drei Tagen schwammen die Jungen frei. Sven Fornbäck ließ die Jungen über vier Monate bei den Eltern. Nach vier Monaten wurden die Eltern mit 15 Jungen umgesetzt. Nach dem ersten Monat erfolgte der Wasserwechsel wieder mit Leitungswasser.

Es wird vielfach in der Literatur, auch in der Diskusliteratur erwähnt, dass ein lang erwartetes Laichen durch ein anderes Paar ausgelöst wird. Die Vermutungen gehen dahin, dass beim Laichen Pheromone ins Wasser gelangen, die das zweite Paar stimulieren. Auslöser dürfte in diesem Fall auch die kostbare Mahlzeit aus Diskuslarven gewesen sein. Ich verweise insoweit wegen der Nahrhaftigkeit auf die vorherigen Ausführungen in diesem Buch. Vielleicht sollte der interessierte Aquarianer es einmal aus Kostenersparnis mit *Danio rerio*, dem Zebrabärbling, versuchen oder mit „preiswerten“ Lebendgebärenden. Sven Fornbäck hatte seine Fische zuvor mit Weißen Mückenlarven gefüttert.

Das entsprechende Zuchtwasser lässt sich mit der „online-Methode“ herstellen und halten. Der Vollentsalzer wird nach

Die Farbenvielfalt ist gerade unter südostasiatischen Skalaren sehr vielfältig. Die Züchter versuchen immer wieder, neue Farbformen herauszuzüchten. Nur neue Farbformen garantieren auch wieder erhöhten Umsatz.

einem Vorfilter über eine nicht zu starke Pumpe im Dauerbetrieb an das Aquarium angeschlossen. Die Leitfähigkeit sinkt auf 15 bis 25 µS/cm. Bei Torffilterung sinkt der pH-Wert auf 3,5. Die Stoffwechselendprodukte Ammonium, Nitrit und Nitrat werden durch den Ionenaustauscher ebenfalls fortlaufend entfernt. Diese extremen Werte haben meine Altum problemlos vertragen. Der pH-Wert darf nicht unter 3,5 sinken. In diesem Fall muss der pH-Wert durch Natriumbicarbonat – meist genügen für 300 l circa 0,6 ml – aufgefangen werden. Es gibt auch chloridfreie Meersalzmischungen im Handel zum Aufhärten von Osmosewasser oder zu weichem Wasser für Tanganjikaseebuntbarsche. Dieses Salz kann dann mit Hilfe des mitgelieferten Dosierlöffels zugesetzt werden. Ich habe täglich 15 ml in den an diesem Aquarium vorhandenen offenen Außenfilter gegeben. Natürlich wird auch dieses Salz vom Ionenaustauscher nach und nach aufgenommen. Deshalb sollte dieser nicht zu schnell laufen. In der Praxis hat sich ein Durchlauf von 20 l/h bewährt.

Sven Fornbäck hatte nur sieben defekte und drei tote Jungfische im Verlauf des Aufwachsens. Eine Warnung sei ausgesprochen. Das Interesse für Altum ist nicht so groß, dass der Züchter keine Absatzschwierigkeiten hat. Es besteht also absolut kein Grund, sein Zuchtrezept geheim zu halten. Im hiesigen Zoohandel liegen die Preise für echte Altum, nicht zu verwechseln mit „Peru-Altum", je nach Größe zwischen 20,– und 50,– Euro. Der Händlereinkaufspreis beträgt in der Regel ein Drittel dieses Preises und sinkt noch bei größeren Mengen. Großhändler können naturgemäß nur weniger zahlen. Trotzdem viel Erfolg!

Sieglinde und Horst Linke aus Schwarzenbach am Wald gelang ebenfalls die Zucht des Altum seit 1993 (Diskusjahrbuch 1997, S. 62, und Ihr Hobby Altum-Skalare). Inzwischen haben sich aus dieser F_1-Generation fünf Paare gebildet. Mit diesen Paaren gelingt in regelmäßigen Abständen die Zucht.

Die Wasserwerte wurden wie beim Heckel-Diskus gewählt:
pH-Wert 4,0 und Leitwert 10 µS/cm.

Manche Farbformen sind nur sehr schwierig einzuordnen und so entstehen teilweise Fantasienamen wie Geisterskalar oder ähnliche. Da sich alle *Pterophyllum scalare*-Varianten untereinander kreuzen lassen, ist es verständlich, dass immer wieder neue Farbvarianten möglich sind, welche die Züchter dann reizen, mit diesen extremen Fischen weiterzuzüchten. Foto: M.-P. & C. Piednoir

Unterschiedliche Zuchtform aus Südostasien

rechts: Auffällige Zuchtform mit interessantem Farbmuster und lang ausgezogenen Flossen. Foto: M.-P. & C. Piednoir

Aus dem *Pterophyllum scalare* sind eine ganze Reihe von Zuchtformen entstanden, die ebenfalls ihre Liebhaber gefunden haben.

Der Schleierskalar hat lang ausgezogene Rücken-, After- und Schwanzflossen. Die Flossenverlängerungen gibt es sowohl bei dem normal gefärbten Skalar als auch bei vielen Zuchtformen mit anderen Merkmalen.

Der schwarze Skalar hat keine Querbinden mehr, sondern ist durchgehend auch in den Flossen schwarz gefärbt. Das Auge ist rot, die lang ausgezogenen Ventralen sind ebenfalls schwarz. Es handelt sich um eine Mutante, die durch Radiumbestrahlung entstanden sein soll.

Der marmorierte Skalar stellt in unterschiedlicher farblicher Ausgestaltung eine Zwischenform des normalen und des Schwarzen Skalars dar. Es kann sowohl der silbrige Ton der Urform, als auch der schwarze Ton überwiegen. Die Querbänder sind bei einigen Exemplaren zu schwarzen Flecken aufgelöst. Der Marmorskalar ist auch in der Schleierform zu finden.

Der Albinoskalar hat keinerlei Farbpigmente mehr und ist ebenfalls mit verlängerten Flossen zu haben.

Noch immer sind normal gefärbte und mit senkrechten schwarzen Streifen versehene Skalare die klassischen und beliebten Zuchtformen.

Den Goldkopfskalar gibt es als Albino mit roter Stirn- und Maulpartie und auch mit silberner Grundfarbe und goldfarbenem Kopf.

Der Geisterskalar hat eine weiße Grundfarbe und einzelne schwarze Striche oder auch Flecken, die aber mit der originären Querbänderung nichts mehr gemeinsam haben.

Zwischen allen Formen sind Kreuzungen möglich. Der Aquarianer sollte sich mit der Erblehre befassen, bevor er durch wilde Kreuzungen Mischformen herbeiführt, die in jeder weiteren Filialgeneration ein kunterbuntes Durcheinander hervorbringen. Mir gefallen die „Klassiker“ immer noch am besten!

Porträt eines Goldkopfskalars. Foto: Dr. J. Schmidt

Vorschlag für ein Gesellschaftsaquarium mit Skalaren

Weniger ist mehr! Diesen alten Lehrsatz hat Hans Frey schon vor dreißig Jahren in seiner „Aquarienkunde" propagiert. Unter einem Gesellschaftsaquarium für Skalare verstehe ich eine Gemeinschaft von Pflanzen und Fischen, wobei die Skalare überwiegend zur Geltung kommen sollen.

Wer also Skalare in einem Gesellschaftsaquarium in seinem Wohnzimmer oder Büro sehen und seinen Besuchern zeigen möchte, der sollte sich auf Skalare und nur wenige Beifische beschränken. Häufig sieht man leider, dass in einem Aquarium ein Sammelsurium von Fischen aus verschiedenen Kontinenten gepflegt wird. Skalare und Barben zum Beispiel passen absolut nicht zusammen. *Barbus tetrazona* neigt dazu, die Bauchfäden der Skalare anzufressen. Barben sind im allgemeinen lebhafte Schwarmfische, die im Aquarium zu viel „Unruhe" veranstalten und dadurch die Skalare stören.

Zu Skalaren passen verschiedene Salmlerarten, die aber nicht zu kleinwüchsig sein sollten, da sie ansonsten den größeren Skalaren als Futter dienen.

Als Vorschlag für ein schönes Wohnzimmeraquarium empfehle ich die Maße von 150 x 50 x 50 cm. In dieser Größenordnung kann man bei einem Wurzelaufbau in der Mitte zwei Paare pflegen. Ich habe einige Jahre Versuche mit Diskusfischen und Skalaren durchgeführt. Ein Paar Skalare und ein Paar Diskus können in einem solchen Aquarium wunderbar zusammen gepflegt werden. Als Beifische eignen sich alle Welse der Gattung *Corydoras*. Diese halten sich hauptsächlich auf dem Bodengrund auf, vertilgen die Futterreste, welche die Diskusfische übrig lassen und stören auch nicht bei einer möglichen Zucht.

Wenn das Wasser weich genug ist, kann man seinen Besuchern in einem bepflanzten Aquarium einen Zuchterfolg vorführen. Bei dieser Vergesellschaftung ist es dringend erforderlich, dass an zwei entgegengesetzt liegenden Ecken des Aquariums gefüttert wird, weil die Diskusfische erheblich langsamer fressen, das Futter mehrfach ausspucken und gern erst vom Boden aufnehmen. Dies ist aber nur dann möglich, wenn die Skalare an einer anderen Ecke gewohnheitsmäßig zur gleichen Zeit gefüttert werden. Wenn sie das für sie bestimmte Futter gefressen haben, fressen sie die Reste des Futters für die Diskusfische.

Probleme durch Übertragung von Krankheiten (z. B. Nematoden) habe ich bisher mit diesem Aquarium noch nicht gehabt. Beide Paare haben gelaicht. Die Skalare haben ihre Jungen sogar durchgebracht. Die Diskusfische haben es nur sechs Tage geschafft. Wenn die Jungen sich von den Eltern weiter entfernen, werden sie die Beute der Skalare.

Die *Corydoras* sollten in einem solchen Aquarium in einer Gruppe von mindestens zehn bis 15 Individuen gepflegt werden. Ein derartiger Trupp durchsucht ständig den gesamten Bodengrund nach Futter und bietet in seiner Lebhaftigkeit einen reizenden Kontrast zu den in mittleren und oberen Wasserschichten schwimmenden Skalaren und Diskus.

Vorschlag für ein Gesellschaftsaquarium mit Skalaren

Werden Skalare schon im Jugendstadium mit Neonsalmlern und anderen kleinen Fischen vergesellschaftet, so vergreifen sie sich in der Regel später nicht mehr an den Mitbewohnern ihres Aquariums. Es gibt allerdings keine Garantie! Foto: M.-P. & C. Piednoir

Vorschlag für ein Gesellschaftsaquarium mit Skalaren

Wenn man mit diesem Aquarium wenig Arbeit haben will, was aufgrund der geringen Besetzung vorprogrammiert ist, empfehle ich den Einbau einer Bodenheizung unter einer Sandschicht von mindestens 10 cm Höhe. Den Sand hole ich aus einer Kiesgrube. Von den dort lagernden Sandhaufen nehme ich nur die oberste Schicht und nicht die noch lehmhaltigen unteren Schichten. Die obere Schicht ist mit kleinen Kieselsteinen von ein bis zwei Millimeter Größe durchsetzt, was den Wasserdurchfluss fördert. Bei lehmigem Sand muss man erheblichen Aufwand treiben, um diesen klarzuwaschen.

Eine Bodenheizung ist im Verhältnis zu einem normalen Heizstab relativ teuer. Sie führt jedoch zu einer Bodendurchflutung, die den Pflanzen zugute kommt und auch den Fischen, da der Bodengrund zum Filter wird. Es bilden sich aerobe und anaerobe Zonen, die sowohl eine Nitrifikation als auch eine Denitrifikation bewirken. Die Bodenheizung sollte nicht zu groß gewählt werden, 100 W Leistung sind für dieses Aquarium völlig ausreichend. Sollte das Aquarium in einem nur mäßig beheizten Raum stehen, kann über ein Thermostat ein Heizstab von 50 bis 100 W zugeschaltet werden. Die Bodenheizung sollte ohnehin über ein Thermostat gesteuert sein.

Bepflanzt habe ich das Aquarium mit einer großen, freistehenden *Echinodorus bleherae*, Javamoos und Javafarn. Javamoos und Javafarn kann man auf einem Stück Moorkienholz anbringen. Javamoos wächst freischwebend im Wasser und auf allen Substraten, auch den Glasscheiben des Aquariums.

Einen Filter im herkömmlichen Sinn habe ich in diesem Aquarium nicht, da der Bodenfilter in Form der Bodenheizung völlig ausreicht, um stabile Verhältnisse zu schaffen und zu erhalten. Stattdessen habe ich einen Abschäumer installiert. Unten auf den Boden des Abschäumers habe ich ein Stück Filterschaum wie einen Stopfen angebracht. Über den Ausströmer wird durch einen Ozonisator 20 mg/h Ozon (O_3) zugegeben. Das kleine Stück Filterschaum setzt sich mit der Zeit zu, vorsichtshalber wird es wöchentlich gereinigt.

Eine derartige Durchlüftung ist nicht zu empfehlen, wenn die Karbonathärte über 10 °KH liegt. In diesem Fall empfehle ich keinen Abschäumer zu installieren, sondern eine CO_2-Anlage, die über einen kleinen Innenfilter dem Aquarium möglichst pH-geregelt CO_2 zuführt, um den pH-Wert unter 7 zu halten.

Die Beleuchtung braucht nicht sehr stark zu sein. Über meinem Aquarium befinden sich lediglich zwei Leuchtstoffröhren von 120 cm Länge. Alle Pflanzen wachsen so stark, dass ich alle drei Wochen reichlich ernten muss.

Die Problemlosigkeit des Aquariums führe ich auf den wöchentlichen Wasserwechsel von 10 % zurück. Es ist erforderlich, ständig sämtliche verbrauchten Mineralien wieder zuzuführen. Bei Osmosewasser muss Frischwasser aus der Leitung zugegeben werden, um einen verminderten, aber natürlichen Mineralgehalt auf Dauer zu gewährleisten.

Literatur

Brall, S. 1992. Erfolg mit Skalaren. Kollnburg.

Bremer, H. 2002. Handbuch Mikroskopie und Fotografie am Aquarium. Ruhmannsfelden.

Burgess, W. E. 1976. The Rio Negro Angel Fishes. TFH. New Jersey.

Degen, B. & Mußtopf, H. 1990. Rund um den Diskus. Kollnburg.

Goulding, M., Carvalho, M. L. & Ferreira, E. G. 1988. Rio Negro. Rich Life In Poor Water.

Hückstedt, G. 1978. Aquarienchemie. 7. Aufl. Stuttgart.

Hütter, L. A. 1988. Wasser und Wasseruntersuchung, 3. Aufl. Frankfurt a. M.

Kassebeer, G. 1989. Die optimale Aquarienkontrolle. Bielefeld.

Krause, H. J. 1991. Torf und Aquarienwasser heute. Datz.

Krause, H. J. 2004. Handbuch Aquarientechnik. 4. Aufl. Ruhmannsfelden.

Linke, H. 2005. Ihr Hobby Altum-Skalare. 2. Aufl. Ruhmannsfelden.

Mayr, E. 1967. Artbegriff und Evolution. Hamburg, Berlin.

Paepke, H. J. 1979. Segelflosser. Neue Brehm-Bücherei. Wittenberg.

Pinter, H. 1981. Cichliden. Buntbarsche im Aquarium. Stuttgart.

Reiß, M. 1984. Erfolgreiche Aquaristik, Wasseraufbereitung und Wasserpflege. Backnang.

Schmidt, J. 2003. Faszination Skalare. Ruhmannsfelden.

Selzle, H. 1987. Technische Aquaristik. Taufkirchen.

Sioli, H. 1983. Amazonien, Grundlagen der Ökologie des größten tropischen Waldlandes. Naturwissenschaftliche Rundschau. Stuttgart.

Sterba, G. 1975. Aquarienkunde Band I. Melsungen.

Sterba, G. 1977. Enzyklopädie der Aquaristik und speziellen Ichthyologie. Melsungen.

Sterba, G. 1978. Handbuch der Aquarienfische. 2. Aufl. München.

Foto: B. Kahl

Ratgeber für Aquarianer

Aquarienpraxis.

B. Degen, D. Schmidt. 80 S., 100 Abb., geb. ISBN 978-3-933646-45-3.

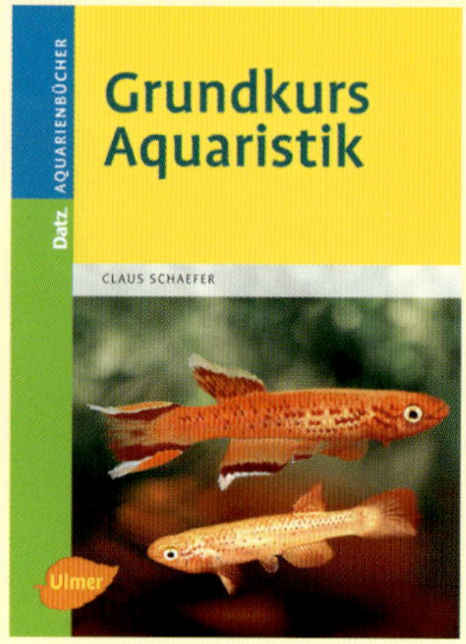

Grundkurs Aquaristik.

C. Schaefer. 3., überarbeitete Aufl. 2007. 95 S., 92 Farbf., 16 Zeich., geb. ISBN 978-3-8001-5461-6.

Perfektes Aquarienwasser.

H. Gonella, H. Hieronimus. 2003. 80 S., 100 Abb., geb. ISBN 978-3-89860-044-6.

Das Aquarium von A - Z.

Tiere – Pflanzen – Technik. C. Schaefer, C. Kasselmann, A. Raschke. 2007. 440 S., 562 Farbf., 22 Strichzeichn., geb. ISBN 978-3-8001-5165-3.

bede bei Ulmer www.bede-bei-ulmer.de | www.ulmer.de Ulmer